Imtiyaz Rasool Parrey

Adsorção de metais substanciais utilizando esponjas comuns de baixa fundição

Imtiyaz Rasool Parrey

Adsorção de metais substanciais utilizando esponjas comuns de baixa fundição

ScienciaScripts

Imprint

Any brand names and product names mentioned in this book are subject to trademark, brand or patent protection and are trademarks or registered trademarks of their respective holders. The use of brand names, product names, common names, trade names, product descriptions etc. even without a particular marking in this work is in no way to be construed to mean that such names may be regarded as unrestricted in respect of trademark and brand protection legislation and could thus be used by anyone.

Cover image: www.ingimage.com

This book is a translation from the original published under ISBN 978-620-2-05409-6.

Publisher:
Sciencia Scripts
is a trademark of
Dodo Books Indian Ocean Ltd. and OmniScriptum S.R.L publishing group

120 High Road, East Finchley, London, N2 9ED, United Kingdom
Str. Armeneasca 28/1, office 1, Chisinau MD-2012, Republic of Moldova, Europe
Printed at: see last page
ISBN: 978-620-7-77276-6

ÍNDICE

Resumo:

Partículas metálicas substanciais são libertadas para a estrutura da água a partir de diferentes exercícios mecânicos, por exemplo, empreendimentos de galvanoplastia, montagem de equipamentos electrónicos e fábricas de preparação de misturas. O cádmio, o cobre, o crómio, o chumbo e o zinco são, em grande medida, metais substanciais letais de utilização generalizada em numerosos empreendimentos. Cinco resíduos biológicos, por exemplo, puré de sumo de cenoura, folhas de chá, pó de madeira (serra limpa), exsudado de papel e resíduos miceliais foram testados quanto à eficácia da biossorção e comparados com a do carvão ativado. Foi explorado o impacto da concentração da biomassa, do pH e da fixação do metal na capacidade da biomassa seca para expulsar o metal do arranjo.

Palavras-chave: Metal substancial, biomassa, letal, eficácia de bio sorção

Capítulo 1. Introdução:

A contaminação da água, devido ao avanço da inovação, continua a ser uma grande preocupação. Com a expansão da era dos metais avassaladores provenientes de exercícios inovadores, numerosas condições anfíbias confrontam-se com fixações de metais que ultrapassam os critérios de qualidade da água destinados a assegurar a terra, as criaturas e as pessoas[1-8]. Os metais substanciais são componentes compostos com uma gravidade particular que não é inferior a 5 vezes a gravidade particular da água e são perigosos ou nocivos mesmo a baixas concentrações. Alguns componentes metálicos perigosos notáveis são o arsénio (gravidade particular 5,7), o ferro (7,9), o crómio (7,19), o cádmio (8,65), o chumbo (11,34) e o mercúrio (13,54). Os metais substanciais estão muito dispersos numa grande variedade de minerais financeiramente essenciais. São descarregados na natureza durante o processo de extração de minerais [9-15]. Neste sentido, os exercícios de extração mineira são considerados como a fonte antropogénica essencial de metais avassaladores. Partículas metálicas avassaladoras são libertadas para a água a partir de diferentes exercícios modernos, por exemplo, empresas de galvanoplastia, montagem de equipamentos electrónicos e fábricas de tratamento sintético [16-19]. Devido ao rápido avanço dos exercícios modernos, os níveis de metais avassaladores nas estruturas de água aumentaram consideravelmente. Os metais substanciais podem, sem grande esforço, entrar no modo de vida evoluído devido à sua elevada capacidade de dissolução na água. O cádmio, o cobre, o crómio, o chumbo e o zinco são, em grande medida, metais nocivos de grande alcance em numerosas empresas [20-23]. A contaminação esmagadora por metais é uma questão crítica, com preocupações em termos de bem-estar humano e resultados naturais genuínos. Neste sentido, é fundamental expelir os metais avassaladores das águas residuais mecânicas e da água potável. Os materiais vegetais são basicamente materiais celulósicos envolvidos que podem adsorver catiões metálicos esmagadores em arranjos fluidos. Na natureza, estão disponíveis várias fontes de biomassa residual, nas quais as propriedades de adsorção foram contabilizadas, por exemplo, casca de arroz, serradura, chá e café expresso, cascas de nozes de casca de laranja, carbono actuado, folhas e cascas de árvores secas (Asma et al., 2005; Ferda e Selen, 2012; Kishore et al., 2008;; Nuria et al.,

2010). A adsorção de partículas metálicas de grande dimensão ocorre devido à colaboração físico-química, essencialmente ao comércio de partículas ou a um arranjo complexo entre as partículas metálicas e os agregados práticos apresentados na superfície do telemóvel. Efeitos no bem-estar devido aos metais pesados: O grupo global está a começar a aperceber-se dos impactos nocivos dos metais substanciais no bem-estar (Jiaping, 2012). A qualidade esmagadora dos metais venenosos pode causar danos ou diminuição da capacidade mental e apreensiva focal, reduzir os níveis de vitalidade e prejudicar a circulação sanguínea, os pulmões, os rins, o fígado e outros órgãos-chave. A introdução a longo prazo pode provocar o avanço gradual de processos degenerativos físicos, sólidos e neurológicos que copiam a doença de Alzheimer, a doença de Parkinson, a distrofia forte e a esclerose diferente. As sensibilidades são normais e o contacto prolongado e repetido com alguns metais (ou as suas misturas) pode causar malignidade. Para alguns metais substanciais, os níveis venenosos podem estar recentemente acima dos focos de base normalmente encontrados na natureza. Deste modo, é imperativo informar-se sobre os metais substanciais e tomar medidas defensivas contra a sua apresentação intempestiva (Prakasham et al., 1999). Os metais esmagadores estão relacionados com impactos no bem-estar, incluindo respostas desfavoráveis à suscetibilidade (por exemplo, berílio, crómio), neurotoxicidade (por exemplo, chumbo), nefrotoxicidade (por exemplo, cloreto de mercúrio, cloreto de cádmio) e crescimento

(por exemplo, arsénico, crómio hexavalente). As pessoas são frequentemente expostas a metais substanciais por diferentes vias - na maior parte dos casos, através da inalação de metais no ambiente de trabalho ou em bairros sujos, ou através da ingestão de alimentos (especialmente peixe) que contêm grandes quantidades de metais avassaladores ou lascas de tinta que contêm chumbo (Jarup, 2003).

1.1 Pressões naturais

Controlos mais rigorosos no que diz respeito à libertação de metais estão a ser defendidos, especialmente nos países industrializados. A toxicologia dos metais esmagadores afirma os seus efeitos inseguros. Devido ao seu elevado perigo, as águas residuais mecânicas que contêm metais esmagadores são inteiramente dirigidas e devem ser tratadas antes de serem libertadas para a terra. Os avanços atualmente ensaiados para a expulsão de metais avassaladores de efluentes mecânicos parecem, por todas as contas, ser inexistentes e dispendiosos. Provocam regularmente problemas auxiliares com os resíduos metálicos. Neste sentido, é fundamental criar avanços electivos para tratar os efluentes metálicos.

1.2 Métodos regulares

Nas últimas décadas, foram utilizados alguns avanços no tratamento de fluidos contendo metais (Wang et al., 2004). As desvantagens significativas dos procedimentos tradicionais podem ser resumidas da seguinte forma: - Processo de membrana (estratégia de osmose inversa) A convergência de partículas metálicas no fluxo alimentar deve ser sensivelmente baixa para o funcionamento frutífero das formas de película. À medida que o foco de metal se expande, a dispensa do filme é reduzida; a descamação da camada é frequentemente observada e, além disso, será necessária uma alta vitalidade para tratá-los

1) O custo das películas é elevado e a sua rentabilidade diminui com o tempo.

2) Procedimentos de precipitação e iluminação.

Requer uma quantidade extrema de produtos químicos. Por conseguinte, o custo da precipitação pode ser restritivamente elevado. O metal complexado com diferentes reagentes não pode ser tratado. O complexo deve ser quebrado antes da precipitação. Não é viável se houver uma ocorrência de águas residuais contendo baixa centralização de metal.

1.3 Processo de carvão ativado

O procedimento de iniciação deve ser repetido após cada procedimento de recuperação, na sequência da eluição do carbono embebido. Após cada etapa de recuperação, o carbono iniciado perde algum do seu peso e o seu limite de absorção diminui em cerca de 10-20%. Um infortúnio com o carbono também acrescenta algum custo adicional ao procedimento, somando-se às despesas das etapas de recuperação e de ativação

1.4 Processo de troca de partículas

- Os precipitados, por exemplo, o sulfato de cálcio ou o óxido férrico, podem sujar as partículas do comércio de alcatrão.

- Os alcatrões de comércio de iões são frequentemente mais caros do que os adsorventes.

- As partículas de resina em cada ciclo devem ser substituídas.

- O limite de expulsão de metais dos saps é geralmente influenciado pela proximidade das partículas de cálcio e magnésio no arranjo.

Capítulo 2. Adsorção

A adsorção tem-se revelado um método promissor para a evacuação de metais. Os procedimentos podem ocorrer numa interface entre quaisquer duas fases, por exemplo, interfaces fluido, gás-fluido ou fluido forte (Barakat, 2011). Além disso, a adsorção está a ser vista como um método de separação praticável para refinamento ou partição de massa em procedimentos de geração de materiais recentemente criados, por exemplo, materiais inovadores e itens bioquímicos e biomédicos. Os atributos de superfície e as estruturas de poros dos adsorventes são as propriedades primárias para decidir a harmonia da adsorção e as propriedades de taxa que são necessárias para o esboço da planta. Novos adsorventes estão constantemente a ser produzidos, apresentando novas aplicações para a inovação da adsorção. O equilíbrio de adsorção é o principal fator na definição das operações de adsorção. No momento em que a adsorção ocorre com partículas de adsorvente suspensas num recipiente, o adsorvato é transportado do estágio de massa líquida para os locais de adsorção na molécula de adsorvente. Neste tipo de circunstância, as alterações na soma adsorvida ou na fixação na fase líquida podem ser antecipadas através da compreensão da disposição das condições diferenciais que retratam os ajustes de massa na molécula, na superfície externa e entre a partícula e a fase fluida. A determinação dos parâmetros de difusão deve ser efectuada com um sistema cinético simples. Estas discussões são também aplicáveis à análise e conceção da operação de adsorção num recipiente ou num reator diferencial. Outra técnica poderosa para determinar os parâmetros de taxa envolvidos numa coluna de adsorção fornece as relações básicas utilizadas para o cálculo das curvas de rutura.

2.1 Vantagens da adsorção:

- Os metais em baixa concentração podem ser removidos seletivamente.

- A concentração de descarga de efluentes cumpre a regulamentação governamental.

- O sistema funciona em amplas gamas de pH (2-9).

- O sistema é eficaz numa gama de temperaturas de 4-90oC.

* O sistema oferece baixo investimento de capital e baixo custo de operação.

* Converter o metal poluente em produto metálico.

* O sistema tem um design simples e é fácil de utilizar

* A adsorção é uma boa arma na luta contra os metais tóxicos que ameaçam o nosso ambiente.

2.2 Tipos de adsorção

Existem dois tipos de fenómenos de adsorção, a adsorção física e a adsorção química (Jiaping, 2012).

2.3 Adsorção física (adsorção de Vander Waals)

A adsorção física é o efeito do poder de fascinação intermolecular entre os átomos do adsorvente forte e a substância adsorvida. É uma maravilha prontamente reversível. Nas operações de adsorção mecânica, esta reversibilidade é utilizada para a recuperação do adsorvente para reutilização, para a recuperação da substância adsorvida ou para o fracionamento das misturas.

2.4 Quimisorção

A quimisorção é o efeito posterior da ligação composta entre o adsorvente forte e a substância adsorvida. A força da cola e o calor libertado são substancialmente mais proeminentes do que os encontrados na adsorção física. O processo é regularmente irreversível. Algumas substâncias que, em estado de baixa temperatura, experimentam apenas adsorção física de forma significativa. No entanto, apresentam quimisorção a altas temperaturas e, nalguns casos, ambas as maravilhas podem ocorrer entretanto. A quimisorção tem um significado específico na catálise.

2.5 Factores que afectam a adsorção

pH

A estimativa do pH do arranjo metálico assume um papel crítico em todo o processo de adsorção e especialmente no limite de adsorção. O pH do arranjo influenciaria tanto a ciência dos fluidos como os destinos restritivos da superfície dos adsorventes. O impacto do pH depende assim da carga na superfície do adsorvente. Na chance de que a superfície do adsorvente seja carregada de forma contrária, ao diminuir o pH, o grande número de partículas H + introduzidas mata a superfície do adsorvente carregada adversamente, diminuindo assim a obstrução à dispersão, e uma adsorção superior é adquirida. Na chance de que a carga superficial do adsorvente seja enfaticamente carregada, as partículas H + podem contender de forma viável com os cátions do arranjo, causando um declínio na medida da partícula de metal adsorvida (Jiaping, 2012).

Tempo de contacto

A soma adsorvida no adsorvente está numa condição de equilíbrio dinâmico com a soma dessorvida do adsorvente. O tempo necessário para atingir esta condição de equilíbrio é designado por tempo de equilíbrio. A soma adsorvida no tempo de equilíbrio reflecte o limite de adsorção mais extremo do adsorvente nas condições de trabalho.

Fixação

Qualquer que seja o sistema de adsorção do arranjo, é certo que o grau depende principalmente da superfície acessível do adsorvente. O processo de adsorção é constantemente reversível e um equilíbrio distinto é alcançado num curto espaço de tempo, sujeito à centralização do arranjo e à quantidade do adsorvente.

Temperatura e pressão

O aumento da temperatura e a diminuição do peso aumentam o grau de adsorção. Esta realidade de que o calor é investido durante o tempo de adsorção é sugerida nas normas de Le Chatliers. Devido ao calor do arranjo, os diversos calores de adsorção, isto é, o calor diferencial e o calor indispensável, devem ser reconhecidos. No caso de se obterem estimativas exactas, os resultados provavelmente lançariam muita luz sobre as maravilhas da adsorção. Foram feitos muitos esforços para decidir provisoriamente sobre os calores de adsorção.

Zona de superfície (estimativa da molécula)

Os adsorventes com uma estimativa de moléculas mais pequena têm uma maior capacidade no processo de adsorção com uma superfície exterior enorme. Subsequentemente, mais partículas metálicas podem ser expulsas do que as partículas extensas. A adsorção aumenta à medida que a estimativa da molécula diminui, tendo em conta o facto de a zona de superfície aumentar quando a medida da molécula diminui. Este impacto é presumivelmente devido à impotência das partículas enormes para entrar em toda a estrutura de poros subjacente do adsorvente.

Capítulo 3. Tipos de adsorventes

A maioria das explorações de adsorção tem-se centrado na utilização de organismos microscópicos e crescimentos para a expulsão de metais substanciais. Foram examinadas células práticas e dormentes. Isto inclui, em geral, o refinamento destas formas de vida em escala miniaturizada utilizando produtos químicos. Uma opção potencialmente eficiente é a utilização de materiais normalmente abundantes, por exemplo, biomassa de resíduos. Estes materiais característicos podem ser facilmente manuseados e utilizados para a expulsão de metais e, por conseguinte, podem oferecer uma resposta eficaz para a questão da contaminação por metais.

3.1 Objectivos

O principal objetivo da presente investigação foi a avaliação do limite de adsorção de dois adsorventes únicos, nomeadamente a casca de manga e a AlismaPlantagoAquatica, na evacuação de partículas de cinco metais esmagadores, cádmio, cobre, crómio, chumbo e zinco, em estruturas agrupadas e persistentes. Com o objetivo específico de atingir este objetivo, foram realizados os exames que o acompanham.

• Determinação dos impactos de vários parâmetros de ensaio, como a fixação introdutória, as medições de biomassa, o pH do arranjo na absorção de metais na estrutura de agregados.

• Determinação dos parâmetros do motor utilizando condições de modelo acessíveis na escrita sobre adsorção.

• Avaliação da isotérmica demonstrando considera para estabelecer equilíbrios de adsorção

• Determinação dos parâmetros termodinâmicos para estabelecer o impacto da temperatura na adsorção.

• Estabelecer a recuperação e a reutilização dos adsorventes utilizando diversos regenerantes.

• Avaliação da execução de estruturas de secção de leito recheado de fluxo incessante contendo adsorvente.

3.2 Investigação do segmento de leito recheado utilizando modelos numéricos adequados.

Os metais substanciais estão na linha da frente da preocupação escolar e administrativa, uma vez que um grande número de galões de água contendo metais perigosos e avassaladores são criados anualmente a partir de alguns empreendimentos de preparação de metais e libertados na terra. Os metais libertados nas massas de água não são biodegradados, mas antes sofrem alterações substanciais ou microbianas, o que tem um enorme efeito na terra e no bem-estar geral (Volesky, 1993). Por conseguinte, a expansão da consciência está a tornar-se rapidamente uma realidade em todo o mundo; além disso, um dos seus ramos é o tratamento e a expulsão de metais avassaladores desses efluentes, tanto quanto possível antes de serem libertados em cursos de água normais. Neste sentido, foram criados alguns avanços habituais no domínio das águas residuais, que estão a ser utilizados eficazmente em todo o mundo, para diminuir a concentração de misturas perigosas nas águas residuais de um nível superior para um nível inferior (Verma e Rahal, 1996). A utilização de tais medicamentos convencionais exige custos colossais e contribuições constantes de produtos químicos, o que acaba por ser claramente irrealista e antieconómico e acarreta danos ecológicos adicionais. Consequentemente, são necessárias estratégias simples, atraentes, económicas e ecológicas para ajustar o tratamento das águas residuais (Prakasham, et al., 1999).

3.3 Fontes de libertação de metais

O chumbo é utilizado em materiais à base de petróleo e em numerosas outras instalações mecânicas (Sag e Kutsal 1997). O crómio é utilizado em operações modernas que incluem a cromagem, a refinação de petróleo, o couro bovino, o curtimento, a poupança de madeira, a montagem de materiais e a preparação de mosto. Existe tanto em estruturas hexavalentes como trivalentes. Imprensa Unidades de ferro e aço, empresas de galvanoplastia e unidades de agitação Zinco geralmente utilizado como parte da indústria para influenciar a pintura, o elástico, a cor, os aditivos de madeira e os tratamentos e empreendimentos de galvanoplastia. Unidades de manuseamento de níquel excitado, tintas e baterias em pó Impactos prejudiciais

3.4 Metais Riscos para a saúde Imprensa

A ausência de ferro na rotina alimentar pode provocar insuficiência de ferro indisposição, fadiga, fraqueza, sonolência, palidez, limites frios, unhas quebradiças, perda de fome, obstipação, dores de cabeça, irritabilidade, dificuldade de concentração, depressão, perda de carisma, zumbido, manchas nos olhos, comportamento bizarro, protestos gastrointestinais, cessação da menstruação, iterícia

Crómio Irritante, enjoo e ardor, agente cancerígeno (estado de oxidação de +6), a apresentação a baixo nível pode agravar a pele e provocar ulcerações. A introdução a longo prazo pode causar danos nos rins e no fígado, e danificar excessivamente os tecidos circulatórios e nervosos. Zinco Náuseas e tonturas. O zinco consolida-se com diferentes componentes para formar misturas de zinco; as misturas regulares de zinco encontradas em locais de resíduos de risco incorporam cloreto de zinco, óxido de zinco, sulfato de zinco, fosforeto de zinco, cianeto de zinco e sulfureto de zinco. Chumbo Danos no sistema sensorial, na estrutura circulatória, na estrutura de formação do sangue, na estrutura regenerativa, no trato gastrointestinal e nos rins O chumbo é conhecido pelo seu impacto inseguro no meio vivo, entra na forma de vida através da respiração, ingestão ou assimilação através da pele. O risco mais grave do chumbo tem origem na sua tendência para se acumular no ser vivo humano. O sistema sensorial focal é o mais sensível aos impactos do chumbo. Níquel A sobre-exposição a curto prazo ao níquel não é conhecida por causar quaisquer problemas médicos, mas a apresentação a longo prazo pode causar diminuição do peso corporal, danos no coração e no fígado e agravamento da pele. Atualmente, a EPA não controla os níveis de níquel na água potável. Os perigos para o bem-estar da ingestão excessiva de metais são geralmente extensos. Alguns metais causam incómodo físico, enquanto outros podem causar doenças perigosas, danos à estrutura crucial do corpo ou outros danos. Em muitas ocasiões, os impactos dos metais esmagadores no ser humano não são seguramente conhecidos ou arquivados.

3.5 Perigo substancial para o metal

Os metais e os seus "radicais livres" são extremamente reactivos, agredindo outras estruturas celulares. A capacidade dos metais para perturbar a capacidade das partículas naturais básicas, por exemplo, as proteínas, os catalisadores e o ADN, é a verdadeira razão da sua nocividade. A substituição de metais específicos fundamentais para a célula por um metal comparativo é outra razão para a qualidade venenosa. Por exemplo, o cádmio pode substituir o metal básico zinco em certas proteínas que requerem zinco para a sua estrutura e capacidade. A alteração nas proteínas pode levar a resultados venenosos. Da mesma forma, o chumbo pode substituir o cálcio nos ossos e em diferentes locais onde o cálcio é necessário.

Capítulo 4. Métodos de tratamento convencionais

* Precipitação

* Método de permuta iónica

* Células electroquímicas

* Osmose inversa

* Métodos biológicos

Diferentes tecnologias utilizadas para a remoção de metais pesados das indústrias

Tecnologia	Dependência de concentração	pH	Sólidos em suspensão	Concentração do efluente (mg/l)	Regeneração	Produção de lamas
Biossorção	Sim	Sim	Sim	<1	Sim	Não
Precipitação de hidróxidos	Não	Não	Sim	2-5	Não	Sim
Precipitação de sulfuretos	Não	Não	Sim	<1	Não	Sim
Íon Troca	Sim	Alguns	Não	<1	Sim	Sim
Evaporação	Sim	SIM	Sim	1-5	---	Não
Osmose inversa	Não	Alguns	Não	1-5	Não	Não
Adsorção	Sim	Alguns	Sim	1-5	Sim	Não

4.1 Métodos biológicos

A investigação sobre os microrganismos e a necessidade de novas estratégias para a limpeza da água têm levado a um desenvolvimento extraordinário no registo de técnicas naturais para a limpeza de jorros modernos. Os organismos necessitam de metais avassaladores, tal como os seres humanos necessitam de certos metais no seu regime alimentar. Existem quatro vias gerais pelas quais os organismos acumulam metais substanciais, como a) Ligação à superfície celular, b) Agregação intracelular, c) Precipitação extracelular e d) Volatilização. As estruturas naturais vivas são apropriadas para o tratamento da água. O sector mineiro utilizou estruturas vivas concebidas para a remediação de lagoas de maré contaminadas com metais substanciais. O crescimento verde com uma incrível adsorção de metais é propositadamente desenvolvido nas lagoas de maré. A expressão "biossorção" é utilizada para descrever a acumulação de partículas de metal a partir de um arranjo por material de origem natural (microbiano ou vegetal). A biossorção é um procedimento que utiliza uma modesta biomassa morta para sequestrar metais nocivos e é especialmente valiosa para a expulsão de contaminantes de

4.2 Fluentes modernos.

Os biossorventes são criados a partir da biomassa normalmente sem fundo, bem como de resíduos de crescimento verde, organismos ou microrganismos. Uma variedade de componentes de absorção é incluída, incluindo adsorção e comércio de partículas. Tem sido geralmente proposto que esta conduta poderia ser utilizada no tratamento de águas residuais, ao mesmo tempo, até à data, tem havido uma realização comercial mínima neste domínio.

4.3 Pontos de interesse da bio sorção

• As células não vivas são menos sensíveis à fixação de partículas metálicas (impactos de letalidade). Pode ser trabalhado em estados de pH e temperatura abrangentes.

• Baixo custo de funcionamento.

• O volume da substância ou da inclinação natural pode ser limitado.

• Não é necessário o fornecimento de suplementos.

• A biomassa morta pode igualmente ser obtida a partir de fontes modernas como um resíduo das formas de maturação

A necessidade de estratégias moderadas, viáveis e seguras para a expulsão de metais avassaladores das águas residuais levou à procura de materiais caprichosos que possam ser úteis para diminuir os níveis ou a agregação de metais substanciais na terra. As novas propriedades de sequestro de metais de tipos específicos de biomassa microbiana de parasitas, microrganismos e crescimento verde oferecem garantias impressionantes (Volesky, 1987) e oferecem uma opção contrastante para as técnicas actuais de desintoxicação de metais e sua recuperação. Até à data, as melhores formas biotecnológicas utilizam a biossorção e a bioprecipitação, apesar de procedimentos diferentes, por exemplo, oficializados por macromoléculas específicas. Os exames anteriores sobre a biossorção de metais limitaram-se a arranjos simples de um único metal. A biomassa, que está acessível em grandes quantidades como resíduo, e a sua potencial utilização como biossorvente de metais, é intrigante. Até à data, em grande escala, o potencial microbiano tem sido utilizado de forma abusiva e limitada. Uma aplicação consideravelmente mais extensa é concebível e deve ser genuinamente considerada. O carácter prático e a eficácia de um processo de biossorção dependem das propriedades dos biossorventes, bem como da síntese das águas residuais.

4.4 Âmbito do estudo

A presença de contaminantes metálicos avassaladores nas águas residuais de numerosos empreendimentos, por exemplo, montagem de metais, galvanoplastia, cor e tinta, produtos químicos e estrume. A expulsão esmagadora de metais transformou-se numa preocupação ecológica genuína devido à natureza letal e total de metais substanciais em diferentes seres vivos. A estratégia de adsorção acabou por ser uma abordagem surpreendente para tratar a emanação e, além disso, o procedimento prático. Foi testado um novo biomaterial acessível localmente com um mínimo de esforço, para verificar a sua capacidade de evacuar Cd(II), Pb(II), Zn(II), Cr(III) e Cu(II) de arranjos aquosos. Foram utilizados diversos materiais adsorventes para expelir metais avassaladores da água residual; nesta investigação, foi utilizado um novo adsorvente especificamente para análise de adsorção sem tratamento. A casca de manga foi avaliada como outro adsorvente para a adsorção de partículas de Cd(II) e Pb(II) do arranjo aquoso por Iqbal et al., (2008). Neste presente exame, a casca de manga é utilizada para a expulsão de cinco partículas de metal Cd(II), Pb(II), Zn(II), Cr(III) e Cu(II) do arranjo fluido. O Alismaplantagoaquatica é um novo adsorvente para a expulsão de metais substanciais de águas residuais.

4.5 Fontes e impactos dos metais pesados

Os metais substanciais têm sido utilizados pelas pessoas desde há muitos anos. Os catiões metálicos substanciais podem ser introduzidos nos solos hortícolas através da utilização de estrumes, materiais restritivos, exsudado de esgotos, fertilizantes e outros resíduos modernos e urbanos. Desta forma, as respostas de adsorção de metais substanciais, num quadro agressivo, são fundamentais para decidir a acessibilidade dos metais às plantas e a sua portabilidade através da terra. Este exame foi conduzido para avaliar a sucessão de seletividade e medir a adsorção focalizada de alguns metais avassaladores em sete solos distintos com várias qualidades sintéticas e mineralógicas. Os agrupamentos mais reconhecidos foram

Cr >Pb> Cu> Cd > Zn > Ni e Pb> Cr > Cu > Cd > Ni > Zn.

O crómio, o chumbo e o cobre foram os catiões metálicos mais fortemente adsorvidos por todas as sujidades, enquanto o cádmio, o níquel e o zinco foram os menos adsorvidos, na circunstância agressiva (Paulo et al., 2001). O cádmio encontra-se normalmente nos metais juntamente com o zinco, o chumbo e o cobre. As misturas de cádmio são utilizadas como estabilizadores em artigos de PVC, corantes, algumas combinações e, agora mais vulgarmente, em baterias recarregáveis de níquel-cádmio. O cádmio metálico tem sido utilizado maioritariamente como especialista em anticorrosão. O cádmio está igualmente presente como veneno nos estrumes fosfatados. O crómio é utilizado como parte de compostos metálicos e cores para tintas, betão, papel, elástico e diferentes materiais. Os principais exercícios humanos que expandem o foco de crómio na terra são a mistura, a montagem de couro e materiais, o aço e as empresas de galvanoplastia. O chumbo ocorre em minas e fundições e na soldadura de metais pintados com chumbo, e em fábricas de baterias. A introdução baixa ou direta pode ocorrer no sector do vidro. A presença de cádmio pode causar danos nos rins. A ingestão de crómio para além das quantidades permitidas causa diferentes problemas constantes nas pessoas (Prakasham et al., 1999). A exposição sólida ao crómio provoca doenças nas vias gástricas e nos pulmões (Donald et al., 1970) e pode causar enjoos, tonturas, intestinos extremamente soltos e descargas (Browning, 1969). O cobre pode ser encontrado como contaminante na alimentação, em particular no marisco, no fígado, nos cogumelos, nos frutos secos e no chocolate (Yu et al., 2000).

Descobriu-se que o cobre causa dores de estômago e intestinais, danos nos rins e fragilidade. Os danos causados pelo chumbo são dores cerebrais, irritabilidade, dores de estômago e diferentes manifestações identificadas com o sistema sensorial. A encefalopatia por chumbo é descrita por inquietação e irritação. Os jovens podem ser afectados por influências comportamentais perturbadoras, problemas de aprendizagem e de concentração. Investigações recentes demonstraram que a apresentação de chumbo de baixo nível a longo prazo em jovens pode igualmente provocar uma diminuição do limite académico. A introdução tardia de metais substanciais, por exemplo, cádmio, cobre, chumbo, níquel e zinco, pode causar impactos nocivos no bem-estar das pessoas (Lars Jarup, 2003). Qualquer espécie de metal ou metaloide pode ser vista como um "contaminante" no caso de ocorrer onde é indesejável, ou num quadro ou foco que cause um impacto humano ou natural inconveniente. Os metais/metalóides incluem o chumbo, o cádmio, o mercúrio, o arsénio, o crómio, o cobre, o selénio, o níquel, a prata e o zinco. Outros contaminantes metálicos menos comuns são o alumínio, o césio, o cobalto, o manganês, o molibdénio, o estrôncio e o urânio (Reena et al., 2011).

A adsorção pode ser uma potencial outra opção aos procedimentos habituais de tratamento de expulsão de partículas metálicas (Ayhan, 2008; Mckat et al., 2000; Mohsen,2007). A maravilha da adsorção tem sido descrita numa extensa variedade de biomassa não viva, como o desperdício de casca de batata (Mohammed e Devi, 2009), CocosNucifara não tratada (Prasad e Satya, 2010), casca de laranja (Ferda e Selen, 2012), casca de caranguejo (Vijayaraghavan et al, 2005), grãos de café expresso não tratados (Azouaou et al., 2010), e na adição de biomassa viva como, célula microbiana (Gopal et al., 2002), vegetação (Lee e Low, 1989), levedura (Can e Jianlong, 2008), organismos (Sudha e Emilia, 2002), crescimento verde (Dumitru e Laura, 2012; Gupta e Rastogi, 2008; Mohammad Mehdi et al., 2011) casca de laranja (Ferda e Selen, 2012). A adsorção tem-se revelado uma abordagem brilhante para o tratamento de efluentes de resíduos mecânicos, oferecendo preferências críticas como o mínimo esforço, acessibilidade, rentabilidade, simplicidade de operação e produtividade (Demirbas, 2008). A utilização de biossorventes microbianos para a expulsão de metais letais avassaladores de águas residuais oferece uma estratégia de esforço moderadamente mínimo com potencial para a recuperação de metais. A adsorção tem pontos focais inconfundíveis em relação às técnicas tradicionais: o procedimento não produz exsudados que exijam transferência adicional, pode ser excecionalmente específico, mais eficaz, simples de trabalhar, pode lidar com volumes expansivos de águas residuais que contenham baixas concentrações de metais. A capacidade de sequestro de metais dos microrganismos, por exemplo, leveduras, organismos microscópicos, crescimentos e crescimento verde, foi explorada e detalhada. A inovação da adsorção à luz da utilização de biomassa morta oferece certos pontos de interesse significativos, por exemplo, a ausência de imperativos de nocividade, a não necessidade de fornecimento de suplementos e a recuperação de espécies metálicas ligadas por dessorção (Gadd, 1990).

4.6 Tipos de adsorventes

Nas últimas duas décadas, foram explorados sorventes electivos para o tratamento da contaminação por metais substanciais (Abdelwahab, 2007; Amany, 2007; Bayat, 2002; Cetin e Pehlivan, 2007; Mustafa, 2008; Nuria et al., 2010; Srinivasan e Viraraghavan, 2010; Wan e Hanfiah, 2007). Existe um grande volume de escritos que identificam a execução de vários biossorventes para a expulsão de uma variedade de metais substanciais (Larous et al., 2005; Uysal e Ar, 2007; Qi. além disso, Aldrich, 2008; Atalay et al., 2010). Os depósitos rurais parecem ser favorecidos (Pollard et al., 1992; Nasernejad et al., 2005; Johnson et al., 2002; Horsfall et al., 2006) e as cascas de coco verde são um caso mais adequado para a expulsão por adsorção de e orgânicos

4.7 Mecanismos de adsorção

A qualidade multifacetada da estrutura do adsorvente sugere que existem inúmeras vias para o metal ser capturado pela célula. Os sistemas de adsorção são diferentes e, por vezes, ainda não foram captados. A adsorção de metais e a bio sorção em resíduos agrícolas é um processo bastante complexo, influenciado por algumas variáveis. Os sistemas envolvidos no processo de bio sorção incluem a quimisorção, a complexação, a adsorção-complexação na superfície e nos poros, o comércio de partículas, a microprecipitação, a acumulação esmagadora de hidróxidos metálicos na bio-superfície e a adsorção superficial (Demirbas, 2008; Semerjian, 2010).

4.8 Transporte do metal sobre a película celular

Esta maravilha está relacionada com a digestão celular, o que sugere que este tipo de adsorção pode ocorrer apenas com células viáveis. Lamentavelmente, é a qualidade venenosa de alguns componentes que não permite o exame da adsorção à vista de fixações elevadas de metais. De facto, há poucos dados disponíveis sobre este tipo de instrumento. Um transporte substancial de metais através da película de células microbianas pode ser intercedido por um instrumento semelhante utilizado para transmitir partículas metabolicamente básicas, por exemplo, potássio, magnésio e, além disso, sódio. A estrutura de transporte de metais pode acabar por ser claramente perturbada pela proximidade de partículas metálicas esmagadoras de carga e gama iónica semelhantes (Brierley, 1990). Este tipo de componente ocorre regularmente após a autorização da superfície celular, que está ligada à ação metabólica. Existem numerosos casos na literatura em que a adsorção por microrganismos vivos parece conter duas etapas essenciais. Logo à partida, a digestão liberta os divisores celulares e, além disso, a digestão subordina a absorção intracelular, através da qual as partículas de metal são transportadas para o interior da célula através da camada celular (Gourdon et al., 1990). Holan e Volesky (1994) sugeriram que uma digestão adicional, por exemplo, a captura de metais como reservas insolúveis em pequena escala, poderia contribuir extraordinariamente para a adsorção de chumbo e níquel pela biomassa do crescimento verde marinho.

O sistema de adsorção física inclui os poderes de fascinação de Van der waals entre o metal e a superfície da célula, que não depende da digestão celular. Tsezos e Volesky (1982) verificaram que a biossorção de tório e urânio pela biomassa parasitária de Rhizopusarrhizus depende da adsorção física na estrutura de quitina da célula divisora. Kuyucak e Volesky (1989) estimaram que a biossorção de urânio, cádmio, zinco, cobre e cobalto pela biomassa morta de crescimento verde, organismos e leveduras ocorre através da comunicação eletrostática entre partículas em arranjo e divisores celulares. A adsorção física é também responsável pela biossorção de cobre, níquel, cádmio, zinco e chumbo por Rhizopusarrhizus (Fourest e Roux, 1992).

4.9 Comércio de partículas

O comércio de partículas é uma ideia vital na adsorção substancial de metais. Ozer et al. (2003) descobriram que os limites de biossorção de Pb2+ ,Ni2+ e Cr3+ em S.cerevisiae se expandiram a pedido de Pb2+ >Ni2+ > Cr3+ que se expandiu com o aumento do número nuclear. Benguella e Benaissa (2002) exploraram os caracteres de biossorção de Cu2+, Zn2+ e Cd2+ na quitina, os resultados demonstraram que o limite de biossorção correspondia ao potencial iónico e ao raio iónico. A massa celular dos microrganismos contém polissacáridos como peças fundamentais de construção. As propriedades de troca de partículas dos polissacáridos normais foram consideradas em pormenor e as partículas metálicas bivalentes trocam com as partículas contrárias dos polissacáridos (TseZos e Volesky 1982). Os alginatos de crescimento verde marinho ocorrem tipicamente como sais normais de K+, Na+, Ca+ e Mg,2+. Estas partículas metálicas podem trocar com as partículas contrárias, por exemplo, Co2+ , Cu2+ , Cd2+ e Zn2+ , provocando a absorção biológica dos metais (Kuyucak e Volesky 1989). Propôs-se que a troca de partículas fosse o componente da biossorção de cobre pelos organismos Ganoderma-Iucidum (Muraleedharan e Venkobacher, 1990) e Aspergillusniger. Yasemin e Zeki (2007) estimaram adicionalmente que a adsorção de Ni(II), Cd(II) e Pb(II) do arranjo fluido por cascas de avelã e amêndoa ocorre através do comércio de partículas. Os segmentos significativos do material polimérico da casca são a lenhina, os taninos ou outras misturas fenólicas. Tendo em conta a estrutura dos exacerbados fenólicos, um componente concebível do comércio de partículas poderia ser considerado como uma partícula metálica esmagadora divalente (M2+) que se liga a dois agrupamentos de hidroxilo vizinhos e dois feixes de oxi, que poderiam dar dois conjuntos de electrões às partículas metálicas, formando quatro misturas de números de coordenação e descarregando duas partículas de hidrogénio no arranjo.

4.9.1 Complexação

A expulsão do metal do arranjo pode igualmente ocorrer através do desenvolvimento de complexos na superfície da célula após a comunicação entre o metal e os agrupamentos dinâmicos. As partículas metálicas podem ligar-se a ligandos (simples) não identificados ou a quelatos (Cabral, 1992; Tsezos e Volesky, 1982) sugeriram que a adsorção por Rhizopusarrhizus tem um instrumento à luz da adsorção física, bem como na complexação de metais com azoto do arranjo divisor de células de quitina. Cabral (1992) supôs igualmente que a complexação de metais era o principal sistema responsável pela acumulação de cálcio, magnésio, cádmio, zinco, cobre e mercúrio por Pseudomonas syringae .

4.9.2 Precipitação

A precipitação dos metais pode ocorrer tanto no arranjo como na superfície da célula. Além disso, pode depender da digestão celular se, à vista de metais perigosos, os microrganismos criarem misturas que apoiem o processo de precipitação. No caso de a precipitação não estar sujeita à digestão celular, pode ser o resultado da ligação da substância entre o metal e a superfície da célula. Esta maravilha é a etapa terminal da biossorção do urânio por Rhizopusarrhizus (Tsezos e Volesky, 1982). O desenvolvimento do complexo urânio-cetina, acima referido, é acompanhado pela hidrólise complexa e pela precipitação do hidróxido de uranilo, objeto de hidrólise, no divisor celular. Holan e Volesky (1994) recomendaram que um sistema suplementar, por exemplo, o aprisionamento de metais como depósitos insolúveis em escala miniaturizada, poderia aumentar significativamente a adsorção de cádmio pelo crescimento verde marinho da biomassa.

4.9.3 Variáveis que afectam a adsorção

Tempo de contacto

A produtividade da evacuação aumenta com o aumento do tempo de contacto até se atingir o equilíbrio. A soma adsorvida no tempo de harmonia reflecte o limite de adsorção mais extremo do adsorvente nas condições de trabalho (Azouaou et al., 2010; Maria Martinez et al., 2006; Mohammad Mehdi et al., 2011). 2.8.2 pH O pH do arranjo foi inequivocamente um parâmetro essencial que controlou o procedimento de adsorção (Azouaou et al., 2010; Babu e Gupta 2008; Gupta e Rastogi, 2007; Hao Chen et al., 2010; Waranusantigul et al., 2003).

Concentração

Para determinar o limite de adsorção, foram utilizadas fixações iniciais distintas de metais e um grupo estabelecido de biomassa. As convergências subjacentes e finais dos arranjos foram medidas por espetrofotómetro de assimilação atómica. Estas informações foram utilizadas para determinar o limite de adsorção do adsorvente (Azouaou et al., 2010; Mausumi et al., 2006; Mohammad Mehdi et al., 2011).

Dosagem de adsorvente

A dose de adsorvente é um parâmetro imperativo, uma vez que decide o limite de um adsorvente. A evacuação das partículas metálicas aumenta com a expansão da medida do adsorvente. O impacto da medida do adsorvente na adsorção foi considerado alterando a medida dos adsorventes e mantendo os parâmetros alternativos estáveis (Azouaou et al., 2010; EI-Said et al., 2010; Saifuddin e Kumaran, 2005).

Modelos de balanços

Durante a adsorção, é criado um rápido equilíbrio entre as partículas metálicas adsorvidas e o adsorvente.

A harmonia do metal q é determinada utilizando a condição de acompanhamento:

$$q = \frac{(C_i - C_f)V}{M}$$

Onde , V é o volume do arranjo, Ci e Cf são os focos de início e de equilíbrio e M é a massa seca do adsorvente (Can e Jianlong, 2007). A condição isotérmica mais geralmente utilizada para a visualização do equilíbrio é a condição de Langmuir, que é legítima para a sorção de monocamadas numa superfície com um número limitado de destinos indistinguíveis e é dada pela condição Onde qmax é a medida mais extrema da partícula metálica por unidade de peso do adsorvente para formar uma monocamada inteira à primeira vista, a alta Cf e b é uma consistência identificada com o gosto dos locais de acoplamento qmax fala de um limite de adsorção restritivo quando a superfície é completamente protegida com partículas de metal e ajuda a correlação da execução de adsorção, especialmente em situações em que o sorvente não atingiu sua imersão total em testes. Qmax e b podem ser resolvidos a partir do gráfico retilíneo de Cf/q versus Cf (Babuand Gupta, 2008). A visualização observacional de Freundlich considera adicionalmente o alcance da camada mono atómica de soluto pelo adsorvente. No entanto, aceita que o adsorvente tem uma superfície heterogénea com o objetivo de que os locais de acoplamento não sejam indistinguíveis. Este modelo adopta a estrutura que o acompanha para uma adsorção de parte solitária (Azouaou et al., 2010). Onde K e n são as constantes de Freundlich normais para a estrutura. K e n são indicadores do limite de adsorção e da potência de adsorção separadamente. A isotérmica de Freundlich é a mais utilizada, mas não fornece dados sobre o limite de adsorção em monocamada, ao contrário da isotérmica de Langmuir (Aksu et al., 2003; Yu et al., 2000; Ferda et al., 2012)

$$\log q = \log K + \frac{1}{n}\log C_f$$

Faltam as isotérmicas de Langmuir e Freundlich para clarificar os atributos físicos e sintéticos da adsorção. As constantes da isotérmica de Langmuir não esclarecem o composto ou as propriedades físicas do processo de adsorção. Não obstante, a vitalidade média de adsorção (E) calculada a partir da isotérmica D-R é a seguinte

$$q = q_{\max}\exp\left(-B\left[RT\ln\left(1+\frac{1}{C_f}\right)\right]^2\right)$$

$$\ln q = \ln q_{\max} - B\,e^2$$

Capítulo 5. Estudos de adsorção utilizando polpa de sumo de cenoura, resíduos de folhas de chá, pó de madeira (pó de serra), lamas de fábricas de papel e resíduos miceliais

Os micélios de plantas de maturação moderna (A. niger, P. chrysogenum e C. paspali) foram utilizados como biossorvente para a expulsão de partículas de Zn de condições aquosas, tanto em grupo como em modo de segmento. Em condições melhoradas, descobriu-se que A.niger e C.paspali eram melhores do que P.chrysogenum (Luef, et al., 1991). A expulsão de partículas de chumbo do arranjo fluido pela biomassa não viva de Penicilliumchrysogenum foi examinada e observou-se que o Pb2+ era firmemente influenciado pelo pH no âmbito de 4-5. A absorção de pb2+ foi de 116 mg/g de biomassa seca, superior à do carbono actuado e de alguns microrganismos diferentes (Niu, et al., 1993). Foi considerada a biossorção de crómio pela biomassa não viva de Chlorella vulgaris, Clodophora crispate, Zoogloearamigera, Rhizopusarrhizus e Saccharomyces cerevisiae e observou-se que o pH introdutório ideal (1,0-2,0) da disposição das partículas de metal influenciou o limite de absorção de metal da biomassa para todos os microrganismos. As taxas de adsorção mais extremas de partículas metálicas à biomassa microbiana foram obtidas a uma temperatura no intervalo de 25-350C. As taxas de adsorção aumentaram com a expansão do grupo de metais de Chlorella vulgaris, Clodophora críspate, Zoogloearamigera, Rhizopusarrhizus e Saccharomyces cerevisiae até 200, 200, 75, 125 e 100 mg/l individualmente (Nourbakhsh et al., 1994). As células mortas de Saccharomyces cerevisiae evacuaram 40% mais urânio ou zinco do que as sociedades vivas relacionadas. A biossorção de urânio por Saccharomyces cerevisiae foi um processo rápido, atingindo 60% da última absorção e um incentivo nos 15 minutos de contacto. Ao contrário de outros metais substanciais mais ligados à divisão celular, o urânio manteve-se como uma fina gema em forma de agulha, tanto no interior como no exterior das células de Saccharomyces cerevisiae (Volesky, et al., 1995). Para a evacuação de Hg e Cd, foram testados alguns crescimentos oceânicos de cor escura para verificar a sua capacidade de expulsar partículas metálicas do arranjo fluido por bio sorção, tendo sido encontrado um nível de expulsão de 90-95% das águas residuais modernas (Wilson e Edween, 1995).

A Lemna minor, lentilha de água, foi concentrada para evacuar o chumbo dissolvível da água. Os resultados demonstraram que a biomassa viável evacuou 85-90% do chumbo, enquanto a não razoável expulsa 60-75% do chumbo (Rahmani, et. al., 1995). O limite de biossorção de vários biossorventes, incluindo micélio seco de alguns tipos de organismos, baggase, casca de arroz e baggase amadurecida por espécies parasitas escolhidas ou vegetação regular em escala miniaturizada, foi analisado para expulsar cianeto de emanações mecânicas. A biomassa de Rhizopussexualis e a baggase amadurecida por Rhizopussexualis ou Aspergillusterreus indicaram um limite de sorção mais elevado do que o do carvão vegetal. A biomassa de Rhizopussexualis e Mortierellaramanniana apresentou um limite de absorção de CN mais elevado do que os ascomicetes, por exemplo Aspergillusterreus e Penicilliumcapsulatum (Azab, et al., 1995). A expulsão máxima de Ni de instalações de galvanoplastia ocorreu com 2,5 g de biomassa de Saccharomyces cerevisae em 5 horas. O limite de absorção de Ni do arranjo fluido foi adicionalmente considerado em parasitas filamentosos, por exemplo, Rhizopus sp., Penicillium sp. além disso, Aspergillus sp. A absorção de metal foi mais notável por Rhizopus sp. (Gill et al., 1966). A biomassa de levedura Saccharomyces cerevisiae, que é um efeito secundário da indústria de engarrafamento, foi utilizada para filtrações de água suja por partículas de urânio, que teve uma eficácia para assimilar U 2,4 mMol\mu g/biomassa seca (Omar, et al., 1996). A biomassa morta de actinomicetos, que é o resíduo do envelhecimento mecânico, foi misturada com as águas residuais como uma suspensão bacteriana livre e ocorreu a biossorção. Os cádmio-cádmio ligaram-se a destinos com carga negativa no divisor celular bacteriano e puderam ser dessorvidos (Butter, et al., 1996). A biossorção do disco compacto (II) na biomassa não viva de Rhizopusarrhizusalso e Schizomerisleiblenii foi examinada num reator de aglomerados. As taxas de adsorção mais extremas das partículas de Cd (II) na biomassa microbiana foram registadas a 30°C e a um pH ideal de 5,0 para os dois microrganismos. As taxas de adsorção aumentaram com a expansão da fixação de Cd (II) para Rhizopusarrhizus e Schizomerisleiblenii até 100 - 150 mg/l individualmente. A adsorção de Rhizopusarrhizus foi mais elevada do que a de Schizomerisleiblenii (Ozer, et al., 1997). As células secas de Rhizopusarrhizus foram utilizadas para a evacuação de partículas de ferro (II), Pb (II) e Cd (II) das águas residuais modernas. Foram obtidas taxas de adsorção mais elevadas e limites de adsorção no início da fixação de metais até 100 mg/l no reator de aglomerados. A elevada centralização de partículas metálicas avassaladoras pode ser filtrada utilizando um reator de aglomerados de vários estágios (Ozer, et al., 1997). Foram igualmente efectuadas reflexões sobre a biossorção com os parasitas Polyporousversicolor e Phanaerochaetechrysoporium para Cu (II), Cr (III), Cd (II), Ni (II) e Pb (II) nas mesmas condições de trabalho. Os resultados demonstraram que ambos eram poderosos na evacuação de Pb (II) de arranjos aquosos com o limite de biossorção mais extremo de 57,5 e mais, 110 mg Pb (II)/g de biomassa seca (Yetis, et. al., 1998). Observou-se que Mucormeihi, um resíduo moderno de maturação, era um biossorvente bem sucedido para a expulsão de crómio hexavalente de efluentes de curtumes mecânicos. Foram observados níveis de sorção de 1,15 e 0,7 mmol/g a pH 4 e 2, separadamente. Em investigações semelhantes com os campos de comércio iónico, a biomassa de Mucor mostrou níveis de biossorção de crómio que se comparam intensamente com os dos seios comerciais firmemente ácidos, enquanto o comportamento do pH reflectiu o dos seios lamentavelmente ácidos em arranjos. Seja como for, a marca registada da eluição de crómio da biomassa de Mucor era semelhante à dos campos fracamente e inequivocamente corrosivos (Tobin e Roux, 1998). A biomassa de resíduos da indústria de maturação farmacêutica, ou seja, Rhizopusnigricans não viva, foi utilizada para a adsorção de chumbo num intervalo de fixação de partículas metálicas, tempo de adsorção, pH e co-partículas. O processo de absorção está em conformidade com as isotérmicas de Langmuir e Freundlich. A análise da absorção entre a biomassa tratada com NaOH e a biomassa não tratada demonstra que a adsorção ocorre na estrutura de quitina do divisor celular (Zhang, et al., 1998). A biossorção de Cu (II), Ni (II) e Cr (VI) do arranjo aquoso no crescimento verde seco (Chlorella vulgaris, Scenedesmusobliquus e synechocystis sp.) foi experimentada em condições de centro de investigação como um elemento de pH, partícula de metal inicial e fixação de biomassa. As análises efectuadas demonstraram o impacto das fixações de crescimento verde. Os ensaios demonstraram igualmente o impacto da concentração de algas na absorção de metais de um número considerável de espécies. Observou-se que os modelos de adsorção de Freundlich e Langmuir eram razoáveis para retratar a biossorção fugaz de Cu (II), Ni (II) e Cr (VI) por todas as espécies de crescimento verde (Donmez, et al., 1999). A biomassa de resíduos não vivos de Aspergillusniger, juntamente com grãos de trigo, foi utilizada como biossorvente para a expulsão de Zn e Cu do arranjo fluido. Observou-se que o limite de acoplamento da biomassa para o Cu era superior ao do Zn. Observou-se que a absorção do metal era um elemento da fixação do metal subjacente, do empilhamento da biomassa e do pH. A absorção do metal Cu pela biomassa diminuiu à vista das partículas de Co. A absorção de Cu pela biomassa diminuiu à vista do Zn e vice-versa. A diminuição da absorção de metais baseia-se na centralização das partículas de metal em duas misturas no arranjo fluido (Modak, et al., 1996). A biomassa seca, não viva e granulada de Streptoverticilliumcinnamoneum foi utilizada para a recuperação de Pb e Zn do arranjo. O pH ideal de Zn e Pb foi de 3,5-4,5 e 5,0-6,0 separadamente. O limite de empilhamento mais extremo da biomassa de S. cinnamoneum foi de 57,7 mg/g para o Pb e 21,3 mg/g para o Zn com pré-tratamento de água borbulhante. Os metais empilhados podiam ser dessorvidos adequadamente com HCl fraco, corrosivo nítrico e EDTA 0,1 M. O tratamento com carbonato de Na 0,1 M permitiu a reutilização da biomassa dessorvida, apesar do facto de o limite de empilhamento nos ciclos resultantes ter diminuído em 14-37% (Puranik, et al., 1997). A biomassa não viva, livre e imobilizada de Rhizopusarrhizus foi utilizada para refletir sobre a biossorção de Cr (VI). A taxa de evacuação do crómio foi ligeiramente superior em condições de biomassa livre em relação ao estado imobilizado. O reator de tanque misto considera ter demonstrado a biossorção de crómio mais extrema a 100 rpm e na proporção 1:10 biomassa - fluido. O reator de leito fluidificado é mais eficaz na expulsão do crómio do que o reator de tanque misto. A imobilização de biomateriais tem pouco impacto na biossorção de crómio por Rhizopusarrhizus (Prakasham et al., 1999). O caule de trigo e a casca de babul, um material bruto, foram utilizados como carvões de resíduos agrícolas para expulsar o níquel metálico do jato da atividade de galvanoplastia. As águas residuais de galvanoplastia indicaram uma evacuação 2%-10% inferior quando comparadas com os arranjos de engenharia como condições comparativas. Cerca de

100% de evacuação de Ni (II) foi observada utilizando carbono iniciado com caule de trigo em uma estimativa de pH de 4,0 em tempo de adsorção de 4,0 horas a 36 ± 2OC, dosagens de carbono de 16,0hr / l quando a fixação de níquel subjacente foi de 25 g / l (Verma e Shukla, 2000). Mantendo cada um desses focos em vista, nosso exame é especificamente identificado com a verificação da eficácia de biorremoção de vários biossorventes (biomassa morta) do arranjo de metal projetado e para fazer um biossorvente proficiente (misturado) que pode expulsar os metais letais do arranjo de metal misturado que estão carateristicamente presentes no jorro moderno. (Abaixo, calçado com a assimilação de metais por várias bioesponjas)

S. No.	Adsorbents	Metals	References
1	*Lemna minor*	Pb	Rahimani, *et al.*,1999
2	*Amaranthusspinosus, Solanunnigrum*	Cu	Chen, *et al.*, 1996
3	Chicken feathers	Au, Pt	Suyama, *et al.*, 1996
4	Canola meal	Cr	Al-asheh, *et al.*, 1996
5	Hyacinth roots	Cr	Low, *et al.*, 1997
6	Fly ash	Cr, Pb, Cd	Bhargava, *et al.*, 1989
7	Fly ash	Cr, Pb, Mn, Fe	Sharma, *et al.*, 1990
8	Agriculture residue	Cr, Cd	Orhan and Byakungar, 1993
9	Saw dust	Cr, Pb, Cd	Campanella, *et al.*, 1986
10	Coconut fibre	Cr	Tan, *et al.*, 1993
11	*Sargassumnatans*	Cr, Pb, Co, Cd	Volesky, 1995

5.1 Melhoria da fixação de biomassa para expelir metais

T a limpeza de uma resposta de 50 ppm de Ni, Zn, Pb, em diferentes agrupamentos de biossorventes de lama de processo de papel e resíduos miceliais separadamente. Este teste demonstra que a absorção de Zn diminui quando a concentração de biomassa aumenta em ambos os tipos de adsorventes de metais. Esta diminuição deve-se à deficiência de concentração de metal no arranjo. Neste sentido, não é aconselhável aumentar a biomassa para além de 2-4 g/100 ml para limpar um arranjo de 50 ppm de zinco (Fourest e Roux, 1992). Utilizando o lodo do processo de papel, houve um aumento na absorção de metais (Zn, Ni, Pb) até 4 g de biomassa, mas a partir daí diminuiu até 8 g de biomassa por cada 100 ml. Correspondentemente, com o esbanjamento micelial houve um aumento na absorção de Zn até 2 g e depois diminuiu (Fig. 16) e para Ni e Pb, aumentou. Foi necessária uma maior fixação de biomassa em comparação com o anunciado anteriormente, o que pode ser devido ao facto de estes resíduos serem adquiridos diretamente da indústria, que contém adicionalmente algumas influências poluentes e não são de ponto de partida microbiano não adulterado. A centralização ideal de 2 g/100 ml foi utilizada como parte de cada uma das outras investigações. A diminuição do foco de biomassa na suspensão a uma dada fixação de metal aumenta a proporção metal/biossorvente e, desta forma, aumenta a absorção de metal por grama de biossorvente, desde que este último não esteja imerso. Cada um desses resultados pode ser de grande entusiasmo para procedimentos de aumento de escala para avançar nas descontaminações modernas de jorro.

3.2 Impacto do pH na eficácia da biossorção ao longo do tempo

A lama do processo de papel teve uma expulsão ideal de Cr, Zn e Pb a pH 4,0, enquanto que o desperdício micelial o fez a pH 3,0 (Fig. 2) a partir de 50 ppm de metal. A pH 4 e 60 min. de tempo de contacto, o crómio, o zinco e o chumbo de 50 ppm foram evacuados até 35%, 32% e 36%, separadamente, pela lama do processo de papel (2 g), em comparação com pH 2, 3, 5. Os resíduos miceliais podiam expelir Cr, Zn e Pb em 60%, 41% e 77% individualmente a pH 3 de cada 60 min. de contacto. A fixação de restos e a absorção de metais específicos a partir de um arranjo de metais de 50 ppm demonstraram que praticamente no pH 4,0 a 5,0 houve evacuação e absorção mais extremas. No entanto, a maior absorção de Cr e Zn ocorreu a pH 4,0 e a de Pb a pH 5,0 após 2 horas de contacto (Fig. 4, 6, 8). Os restos de Focus diminuíram com o aumento do tempo de contacto. Com a fixação prolongada de resíduos miceliais, a absorção de metais seguiu um padrão semelhante, mas a maior expulsão de Cr ocorreu a pH 2,0 - pH 3,0, Zn a pH 4,0 e Pb a pH 3,0 em 90 minutos de tempo de contacto. O controlo do pH durante a biossorção de Zn, Ni e Pb melhorou obviamente a absorção de metais. Alguns criadores descreveram previamente um pH ideal de 4,0 (Tobin et al., 1984; Tsezos e Volesky, 1981). Não se registou qualquer ajustamento no pH do arranjo conclusivo após o fim da adsorção. Os resultados mostraram igualmente que a adsorção mais extrema de várias espécies metálicas ocorre a vários pH. De qualquer modo, numa perspetiva útil, o pH de 4-5 foi satisfatório.

5.3 Expulsão de metais de um arranjo multimetal através de uma mistura de adsorventes

Um grande número de considerações de biossorção reveladas são dirigidas a espécies de partículas metálicas únicas em arranjos fluidos, enquanto os efluentes modernos contêm constantemente mais do que uma partícula metálica (Modak e Natrajan, 1995.) É aliciante criar perfis universalmente úteis que possam evacuar uma variedade de catiões metálicos. Desta forma, foi efectuada a expulsão de metais ao longo do tempo a partir de um arranjo multi-metal (Ci para Ni =5,9 ppm; Pb = 14,2 ppm; Zn = 13,1 ppm) através da mistura de 2 g de exsudado de processo de papel e de resíduos miceliais/100ml a pH 5,0. A exploração do curso do tempo demonstra obviamente que existe uma rápida adsorção de todas as três espécies de metal no tempo de contacto subjacente de 15-30 minutos, em que a expulsão do metal foi solicitada por Pb> Zn> Ni em 93%, 87%, 76% individualmente. A absorção de metais pela biomassa não viva é influenciada essencialmente pela visão de diferentes catiões em arranjo, dependente da comunicação sintética das outras espécies de substâncias (co-partículas) com o metal de interesse e a biomassa (Somers, 1963; Khovrychev, 1973; Tsezo, 1983; Gadd e Mowll, 1985; Tobin et al, 1984; Garnham et al.,1993). Uma parte considerável dos encontros utilitários introduzidos no divisor e na camada do telefone são inespecíficos e diversos catiões vão atrás dos destinos de acoplamento.

Remoção de metais pesados e eficiência de remoção de diferentes microrganismos

Organismo utilizado	Metais removidos	Sistema	Eficiência e aplicação comunicadas
Pseudomonas flourescens	Pb, Zn	Imobilizado em PVC e embalado em colunas	Utilizado na empresa química húngara
Pseudomonas aeruginosa	Urânio, Plutónio	Imobilizado em polipropileno tratado com plasma	75-80 % de remoção
Citrobacter sp.	Cd, Pb, Cu, U	Imobilizado em PAG	80-90 % de remoção
Bacillus subitilis Saccharomyces sp.	Pb, Zn, Cu, Ni, Cd, Hg, Ag, Au, Pd	Reator fixo	AMT-Bioclaim TM 98 % de remoção

Streptomyces sp. *Viridochromogenes sp.*	Urânio	Envolvido em matriz de sílica gel	80-100 % de remoção
Rhizopusarrhizus	Cr, Fe, Cu, U	-	50-605remoção
Algas mortas Barkley, 1991	Hg	Coluna de sorção	95Alga de captação SORBTM a ser utilizada
Sargassumnatans	Pb, Cd, Cr	-	3 vezes mais eficiente do que a resina de permuta iónica
S.flutians	Cu		80-90% de remoção
A. niger, *P. chrysoginum*	Ag, Zn		-
A. oryzae	Cd	Imobilizado em espuma reticulada	95 % de remoção

Capítulo 6. Conclusões

1. Em suma, o pó seco de resíduos de sumo de cenoura pode expelir 74 % de Zn, as folhas de chá 25 % de chumbo, o pó de madeira 36 % de chumbo e 35 % de zinco, enquanto os resíduos miceliais podem evacuar 74 % de Pb e 46 % de Fe e a lama do processo de fabrico de papel pode expelir 66 % de chumbo e 46 % de Fe de 50 ppm de arranjo de metais fabricados em 30 min. de tempo de contacto a pH 4,0 à temperatura ambiente com mistura consistente a 80 rpm.

2. A adsorção de partículas metálicas no lodo do processo de papel alcançou harmonia em 30 min. também, pelo esbanjamento micelial em 60 min.

3. A absorção mais extrema de partículas metálicas ocorreu no âmbito do pH 4-5 pelo exsudado do processo de papel e no pH 2,0-3,0 pelo excremento micelial.

4. Para uma partícula metálica semelhante, os adsorventes distintos apresentaram taxas de evacuação diferentes.

5. A biomassa de excrementos do processo do papel e de resíduos miceliais pode ser utilizada como parte do tratamento de águas residuais para a evacuação de partículas metálicas.

6. Existe um elevado grau de utilização em grande escala de biomassa não viva proveniente de empresas de maturação para a evacuação de partículas metálicas. Além disso, tanto o lodo do processo de papel como os resíduos miceliais, que são acessíveis em grande quantidade, parecem ter um potencial gigantesco como outra opção para os adsorventes comerciais existentes.

Capítulo 7. Estudos de adsorção utilizando casca de manga:

A maior parte das considerações de adsorção tem sido centrada em torno de adsorventes de esforço mínimo. Uma parte dos benefícios da utilização de resíduos vegetais para o tratamento de águas residuais inclui a associação de procedimentos básicos, pré-requisitos de preparação praticamente nulos, grande limite de adsorção, adsorção particular de partículas metálicas substanciais, esforço mínimo, acessibilidade livre e assim por diante. Neste trabalho, as lagoas de aglomerados são feitas utilizando casca de manga.

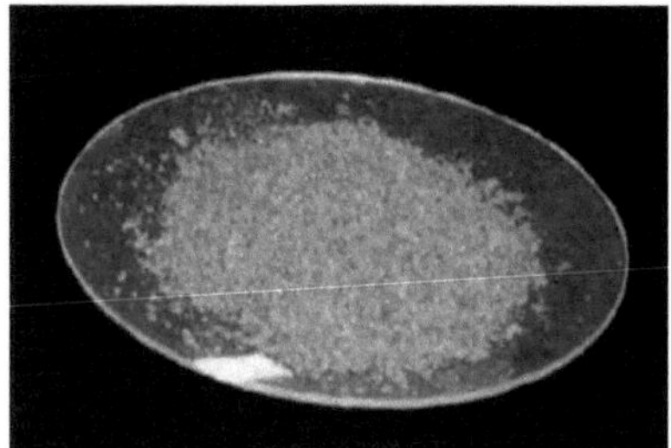

7.1 Reagentes

Todos os reagentes utilizados neste estudo eram de qualidade analítica, obtidos na Merck Alemanha. As soluções-mãe de cádmio, chumbo, zinco, crómio e cobre foram preparadas com sais de nitrato metálico em água bidestilada e as concentrações necessárias foram obtidas por diluição das soluções-mãe. Os métodos de ensaio abrangem a determinação de iões metálicos em amostras de água preparadas de acordo com os métodos ASTM Cd(D3557), Pb(D3559), Zn(D1691) Cr(D1687) e Cu(D1688).

7.2 Instrumento

A concentração inicial de metal e a concentração do metal remanescente na solução foram determinadas utilizando um espetrofotómetro de absorção atómica, como se mostra na figura 4.2 (Thermofisher iCE:3000). Os espectros FTIR foram obtidos num PERKIN ELMER modelo Spectrum Two. Foi utilizado um SEM para estudar a microporosidade da superfície exterior e o tamanho dos poros da amostra adsorvente seca (HITACHI SU 6600).

7.3 Estudos de lotes

Uma quantidade fixa de adsorvente seco 0,1g e 100ml de solução metálica foram colocados num balão volumétrico e agitados a 200rpm utilizando um agitador de incubadora com temperatura controlada a 25±2oC. As concentrações de iões metálicos utilizadas situavam-se na gama de 10-100mg/l. O pH da solução foi mantido a 5,5±0,5 e o tempo de contacto de 120 minutos foi utilizado para os ensaios em lote. Para estudar o efeito do pH, o pH da solução metálica foi ajustado para diferentes valores, de 2 a 7. O pH desejado foi ajustado com soluções de HCl 0,1N e NaOH 0,1N. Em seguida, as amostras foram filtradas para remover quaisquer partículas finas e analisadas para os iões metálicos utilizando o espetrofotómetro de absorção atómica.

7.4 Estudos de equilíbrio

Foram realizados estudos de equilíbrio de adsorção para determinar a natureza das isotérmicas de adsorção e a capacidade de adsorção do adsorvente para a remoção de iões metálicos. Para os estudos de isoterma, as concentrações iniciais de metal variaram de 10 a 100 mg/l utilizando 1g/l (peso seco) de adsorvente. Os frascos de adsorção foram agitados num agitador de incubadora a 200rpm e as amostras foram recolhidas em intervalos de tempo especificados e analisadas quanto à concentração residual de metal, seguida da separação da biomassa por filtração.

7.5 Estudos cinéticos

Os estudos cinéticos foram efectuados num balão volumétrico e as amostras foram recolhidas a diferentes intervalos de 5 a 120 minutos. As amostras foram analisadas quanto à concentração residual de metal.

Estudos termodinâmicos

As amostras foram filtradas e analisadas quanto à concentração residual no final das experiências

7.6 Estudos de dessorção

Para verificar o potencial de recuperação e reutilização do adsorvente, foram efectuados estudos de regeneração e reutilização em lotes utilizando diferentes regenerantes. Os estudos foram efectuados utilizando HCl, H_2SO_4, HNO_3, $H2C_2O_4$, NaOH e $Na_2 CO_3$ de concentração conhecida de 0,1N com a casca de manga carregada de metal. À biomassa separada após a adsorção, foram adicionados 100 ml da solução regenerante e a mistura foi agitada no agitador durante 60 minutos a 200 rpm. As amostras foram recolhidas e analisadas quanto à concentração do metal libertado.

Capítulo 8. Resultados e discussão

Foram efectuados estudos exaustivos para determinar os efeitos dos parâmetros operacionais na adsorção de iões metálicos. Os parâmetros operacionais estudados incluíram o tempo necessário para o equilíbrio, a dose de biomassa e o pH da solução. A absorção de iões metálicos pela biomassa da casca de manga foi inicialmente avaliada em condições de lote.

8.1 Efeito do tempo de contacto

O objetivo da experiência era determinar o tempo de contacto necessário para atingir o equilíbrio entre a fase sólida (biomassa) e a fase líquida (efluente). A Figura 4.3 mostra que a percentagem de absorção aumenta com o tempo e, após algum tempo, atinge um valor constante em que não é possível remover mais iões metálicos da solução (Azouaou et al., 2010; Maria Martinez et al., 2006; Mohammad Mehdi et al., 2011). Neste ponto, a quantidade de iões metálicos adsorvidos pelo adsorvente estava num estado de equilíbrio dinâmico com a quantidade de iões metálicos dessorvidos do adsorvente. O tempo necessário para atingir este estado de equilíbrio é designado por tempo de equilíbrio. A quantidade de iões metálicos adsorvidos no tempo de equilíbrio reflecte a capacidade máxima de adsorção do adsorvente nestas condições particulares. O resultado mostrou que a adsorção do ião metálico aumenta com o tempo até 1 hora e depois torna-se quase constante no final da experiência. Pode concluir-se que a taxa de ligação do metal à biomassa é mais predominante durante as fases iniciais, diminuindo gradualmente e permanecendo quase constante após 120 minutos. Os locais de adsorção activos do adsorvente envolvem-se na complexação do metal assim que o adsorvente é introduzido no sistema.

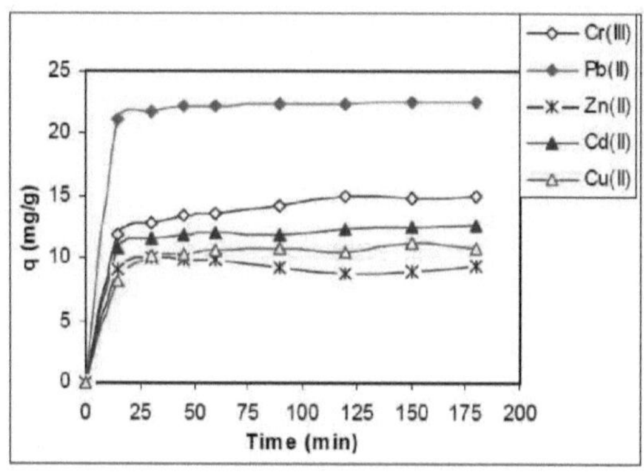

Capacidades de absorção de metais em intervalos de tempo variáveis

(Concentração inicial=50ppm, dose de adsorvente=0,3gm/100ml de solução metálica, temperatura =**25±2oC**, pH=5, velocidade de agitação orbital=200rpm, tempo 180min.)

8.2 Impacto da convergência flutuante de partículas metálicas

A taxa de adsorção é um elemento do agrupamento inicial das partículas metálicas. A Figura 4.5 demonstra que a adsorção mais elevada se verifica em focos mais baixos. Isto pode dever-se à colaboração de todas as partículas metálicas presentes no arranjo com destinos restritos. Em fixações mais altas, mais partículas de metal são deixadas sem serem adsorvidas no arranjo devido à imersão dos destinos de adsorção (Azouaou et al., 2010; Mausumi et al., 2006; Mohammad Mehdi et al., 2011). O número de partículas adsorvidas a partir de uma resposta de focos mais elevados é superior ao número de partículas expelidas a partir de arranjos menos pensados.

Começando a concentrar as partículas metálicas de 10 mg/L para 100 mg/L, a medida de partículas metálicas adsorvidas em harmonia expandiu-se. Isto aconteceu devido ao aumento do ímpeto principal do ângulo de foco para derrotar toda a resistência à troca de massa das partículas de metal entre os estágios fluido e forte e acelerar a colisão plausível entre as partículas de metal e os sorventes, provocando assim uma maior absorção das partículas de metal (Chen et al., 2005).

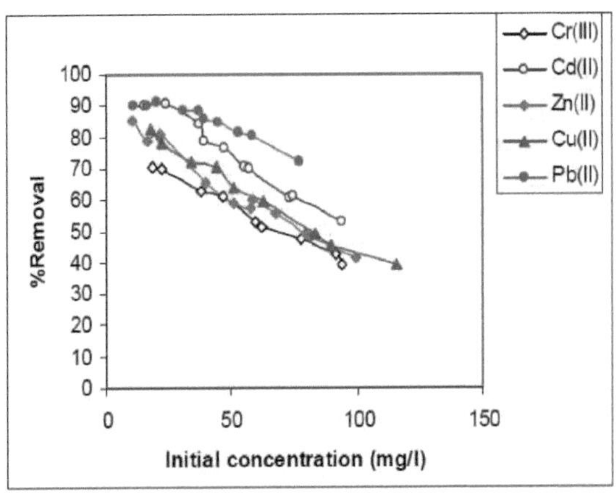

Efeito da variação da concentração de iões metálicos

(Concentração inicial=10 a 100ppm, dose de adsorvente=0,3gm/100ml de solução metálica, temperatura =**25±2oC**, pH=5, velocidade de agitação orbital=200rpm, tempo=120min.)

8.3 Impacto do pH

O impacto do pH na adsorção de Cd(II), Pb(II), Zn(II), Cr(III) e Cu(II) pela casca de manga é apresentado na Figura 4.6. O impacto da disposição do pH na adsorção de partículas metálicas na casca de manga foi avaliado no intervalo de pH de 2 a 8. A capacidade de evacuação mais surpreendente para a adsorção de Cd(II) e Cr(III) com casca de manga foi obtida a pH 6, a de Pb(II) e Cu(II) a pH 4 e a de Zn(II) a pH 7. A pH 2, que apresenta a corrosividade mais notável, a absorção das partículas metálicas pela casca de manga foi a mais reduzida. No intervalo de pH de 3 a 7, a taxa de expulsão expandiu-se rapidamente e a evacuação acabou por ser claramente previsível, situando-se entre 80% e 95%.

Com valores de pH mais baixos, a capacidade de adsorção diminui.

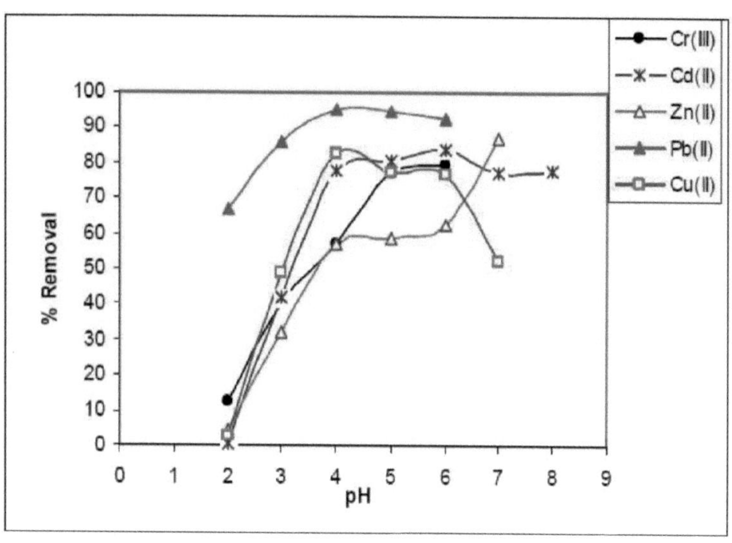

Efeito da variação do pH na adsorção de iões metálicos

(pH = 2 a 8, concentração inicial=50ppm, dose de adsorvente=0,3gm/100ml de solução metálica, temperatura =**25±2oC**, velocidade de agitação orbital=200rpm, tempo=120min.)

8.4 Conclusões

Este estudo indicou que a casca de manga, que está amplamente disponível a baixo custo, pode ser usada como um material biossorvente eficiente para a remoção de Cd(II), Pb(II),Zn(II) Cr(III) e Cu(II) de águas residuais. As isotermas de adsorção a diferentes temperaturas podem ser bem descritas pelos modelos de isoterma de Langmuir Freundlich e Dubinin-Radushkevich. As experiências de dessorção provaram que o HCl 0,1 N era um dessorvente eficiente para a recuperação de Cu(II), Pb(II) e Zn(II) da biomassa. A análise do espetro de infravermelhos sugeriu que os diferentes grupos funcionais presentes nas amostras dadas são o estiramento OH, o estiramento CH, o estiramento C=C e o estiramento C-O. O estudo termodinâmico mostra que a adsorção de Cd(II), Pb(II), Zn(II), Cr(III) e Cu(II) tem um carácter endotérmico. Os valores negativos de AG revelam a viabilidade e o carácter espontâneo do processo.

Capítulo 9. Estudos de adsorção utilizando AlismaPlantagoAquatica

9.1 Introdução

A adsorção é um dos processos físico-químicos considerados eficazes na remoção de metais pesados de uma solução aquosa. Um adsorvente pode ser considerado barato ou de baixo custo se for abundante na natureza e requerer apenas um pequeno processamento. O material vegetal *Alismaplantagoaquatica foi* selecionado para este estudo.

9.2 Materiais e métodos

Preparação de adsorventes e reagentes

As experiências foram efectuadas utilizando o adsorvente Alismaplantagoaquatica, *como se mostra* na Figura 5.1. As amostras de adsorvente foram recolhidas em zonas próximas e lavadas várias vezes com água destilada para remover a poeira e outras impurezas. Depois de secas, as amostras são trituradas num misturador doméstico e peneiradas até à dimensão de 250 mesh, de acordo com o método ASTM D4749. A amostra é lavada com água destilada para remover a cor e seca numa estufa a 70oC durante 24 horas. A amostra seca foi armazenada em frascos herméticos para utilização posterior, sem qualquer tratamento químico ou físico. Todos os reagentes utilizados neste estudo eram de qualidade analítica e foram obtidos da Merck Alemanha. As soluções-mãe de cádmio, chumbo, zinco, crómio e cobre foram preparadas com sais de nitrato metálico em água bidestilada e as concentrações pretendidas foram obtidas por diluição da solução-mãe.

Imagens de Alismaplantagoaquatica

O presente estudo sobre a remoção de Cd(II), Pb(II),Zn(II) Cr(III) e Cu(II) de uma solução aquosa utilizando material naturalmente disponível *Alismaplantagoaquaticafoi* efectuado numa experiência em lote. Os parâmetros operacionais como o pH têm um efeito significativo na eficiência da remoção. Os dados cinéticos foram melhor modelados pela equação cinética de segunda ordem. Os valores negativos de AG revelam a viabilidade e a natureza espontânea do processo. Foram utilizados modelos de equilíbrio como os modelos de isoterma de Langmuir, Freundlich e Dubinin-Radushkevich para o estudo e os dados de equilíbrio. As curvas de rutura para a adsorção em coluna de iões de zinco por *Alismaplantagoaquatica foram* traçadas para vários caudais. Os modelos de Adams - Bohart e Wolborska foram aplicados aos dados experimentais.

A dependência do limite de absorção das partículas metálicas subjacentes e do tempo de contacto. A informação adquirida a partir da adsorção de partículas de Cd(II), Pb(II), Zn(II), Cr(III) e Cu(II) em Alismaplantagoaquatica mostrou que a adsorção se expandiu com o aumento do tempo de contacto. Os gráficos demonstram uma rápida absorção de partículas de Cu(II) nos primeiros 5 minutos de fomentação, após o que a taxa de sorção se tornou mais lenta, atingindo o equilíbrio em 60 minutos. Além disso, o aumento do tempo de contacto não teve qualquer impacto importante na soma das partículas adsorvidas. A absorção rápida de metais foi de 93,59%, 92,76% e 92,48% para a sorção agregada de arranjos de Cu(II) com centralização introdutória de 5 mg/L, 10 mg/L e 20 mg/L separadamente.

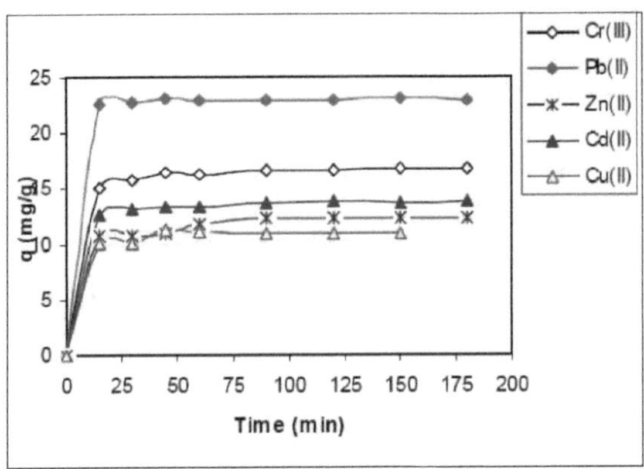

Capacidades de absorção de metais em intervalos de tempo variáveis

(Concentração inicial=50ppm, dose de adsorvente=0,3gm/100ml de solução metálica, temperatura =**25±2oC**, pH=5, velocidade de agitação orbital=200rpm, tempo 180min.)

9.3 Efeito do pH

O pH do arranjo é um parâmetro vital que influencia a adsorção de partículas metálicas substanciais. É apresentado o impacto do pH na adsorção de Cd(II), Pb(II), Zn(II) Cr(III) e Cu(II) por Alismaplantagoaquatica. A eficiência de expulsão mais extrema para o Cd(II) é de 96,24% a pH6, 95% para o Pb(II) a pH4, 85% para o Zn(II) a pH7, 99,8% para o Cr(III) a pH6 e 76,7% para o Cu(II) a pH5. A baixos valores de pH, a concentração de H+ é elevada e, deste modo, os protões podem competir com as partículas de metal por locais de superfície. Em pH baixo, os metais estão disponíveis no arranjo como cátions livres de Cd2+ Pb2+ Zn2+ Cr3+ e Cu2+. No momento em que o pH aumenta, há um declínio na carga superficial positiva devido à protonação dos conjuntos práticos do adsorvente, o que provoca uma menor repugnância eletrostática entre a partícula metálica decididamente carregada e a superfície do adsorvente (Azouaou et al., 2010; Babu e Gupta 2008; Gupta e Rastogi 2007). À medida que o valor do pH é mais elevado, mais catiões permutáveis contidos no adsorvente podem ser trocados com as partículas metálicas devido à fraca adsorção focalizada de partículas H+

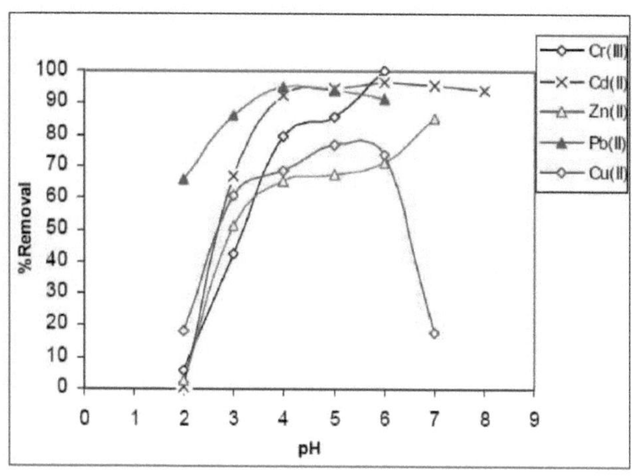

Efeito da variação do pH na adsorção de iões metálicos

(pH = 2 a 8, concentração inicial=50ppm, dose de adsorvente=0,3gm/100ml de solução metálica, temperatura =**25±2oC**, velocidade de agitação orbital=200rpm, tempo=120min.)

9.4 Comparação dos estudos de dessorção

Os exames foram efectuados utilizando HCl, H2SO4, HNO3, H2C2O4, NaOH e Na2CO3 de agrupamento conhecido de 0,1N com o adsorvente metálico empilhado. Foram efectuados testes de dessorção em grupo e analisadas as eficiências de dessorção. É fácil perceber que a eficácia da dessorção diminui com o aumento do número de ciclos, devido à diminuição do limite de adsorção, como se pode ver em. Para cada ciclo de adsorção-dessorção, os novos destinos dinâmicos criados pelo enfraquecimento do tratamento com HCl foram diminuindo, provocando uma diminuição do limite de adsorção com o aumento do número de ciclos. O corrosivo clorídrico demonstrou a produtividade de dessorção mais extrema para Pb(II), Cu(II) e Zn(II).

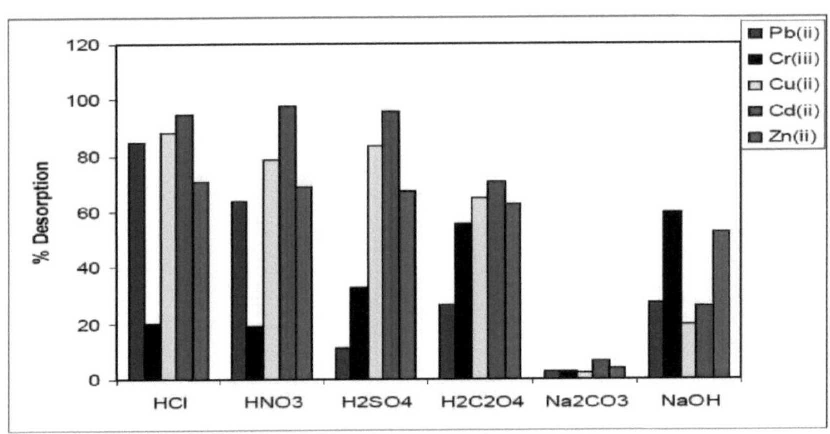

Eficiência de dessorção utilizando vários solventes

Eficiência percentual de dessorção utilizando vários solventes

Heavy metals	% Adsorption	HCl	HNO₃	H₂SO₄	H₂C₂O₄	Na₂CO₃	NaOH
		%Desorption					
Cd	59.72	94.76	97.80	95.70	70.78	6.52	25.90
Pb	98.22	84.80	63.40	11.18	26.60	2.78	27.40
Zn	55.71	70.60	68.80	67.04	62.86	4.10	52.30
Cr	58.91	19.90	18.80	32.50	55.40	2.45	59.70
Cu	82.93	88.30	78.70	83.30	64.80	2.30	19.25

Eficiência percentual de dessorção utilizando HCl 0,1N para vários ciclos

Cycles	I		II		III		IV		V	
Heavy metals	% adn	% Desn	% adn	% Desn	% adn	% Desn	% adn	% Desn	% adn	% Desn
Cd	74	93	65	82	49	51	44	26	23	21
Pb	89	91	74	78	68	59	50	58	49	56
Zn	66	77	43	34	33	24	26	23	17	22
Cu	86	95	51	67	9	47	6	36	2	31

Além disso, é essencial efetuar uma análise de dessorção, uma vez que é útil para a reutilização do adsorvente e a recuperação do metal. Para conhecer a ideia de adsorção, ou seja, física, de mistura ou ambas, foi efectuada uma análise de dessorção. As investigações foram efectuadas utilizando HCl,

H2SO4, HNO₃, H2C2O4, NaOH e Na₂ CO₃ de centralização conhecida de 0,1N com o adsorvente

metálico empilhado. Para as análises de dessorção, foram utilizados alguns solventes (ácidos e bases),

tal como se apresenta nos testes de dessorção em grupo, e as eficiências de dessorção são apresentadas

na Tabela 5.4. O corrosivo clorídrico demonstrou a maior eficiência de dessorção para Pb(II), Cu(II)

e Zn(II). A % de proficiência de dessorção utilizando HCl 0,1N para diferentes ciclos é apresentada.

A Tabela 5.5 mostra que o limite de adsorção diminui de forma constante com o aumento do número

de ciclos. A dessorção das partículas metálicas adsorvidas no adsorvente rondou os 90%, o que

demonstra o carácter físico do processo de adsorção. Para cada ciclo de adsorção - dessorção, os

novos locais dinâmicos produzidos pelo tratamento com HCl enfraquecido foram diminuindo,

provocando a redução do limite de adsorção com a expansão do número de ciclos. Além disso, parece

que o limite de dessorção muda claramente em todos os ciclos de recuperação. Pode efetivamente

constatar-se que a eficácia da dessorção diminui com o aumento do número de ciclos devido à

diminuição do limite de adsorção. Em suma, o Cd2+ Pb2+ Zn2+ e mais, o Cu2+ empilhado em

AlismaPlantagoAquatica pode ser dessorvido sem esforço escolhendo HCl como regenerante.

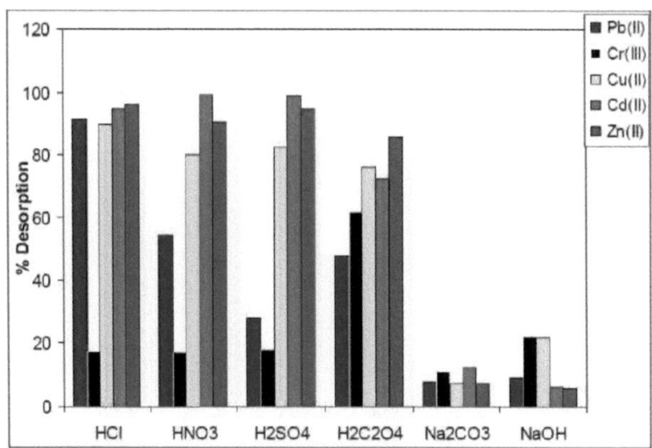

Eficiência de dessorção utilizando vários solventes
Eficiência percentual de dessorção utilizando vários solventes

Heavy metals	% Adsorption	HCl	HNO₃	H₂SO₄	H₂C₂O₄	Na₂CO₃	NaOH
				%Desorption			
Cd	80.96	94.71	98.96	98.56	72.45	12.52	6.11
Pb	98.22	91.26	54.57	28.00	47.93	7.68	8.94
Zn	53.42	95.89	90.42	94.46	85.64	7.13	5.68
Cr	83.46	17.52	17.19	18.38	61.75	11.09	22.23
Cu	85.42	89.49	80.32	82.25	75.83	7.13	22.14

%Eficiência de dessorção utilizando HCl 0,1N para vários ciclos

Cycles	I		II		III		IV		V	
Heavy metals	% adn	% Desn	% adn	% Desn	% adn	% Desn	% adn	% Desn	% adn	% Desn
Cd	77	96	74	86	55	73	38	63	19	26
Pb	97	93	86	84	68	73	67	73	66	68
Zn	87	79	51	45	44	25	29	23	16	22
Cu	90	93	28	63	11	49	5	43	4	42

Capítulo 10. Conclusões do estudo

A reflexão sobre a expulsão de metais por adsorção, utilizando casca de manga e Alismaplantagoaquatica, foi concluída em flagelos de agitação em grupo. As verdadeiras descobertas do exame são referidas neste segmento. A reflexão sobre a evacuação de cádmio, chumbo, zinco, crómio e cobre indicou um grande impacto dos factores medições do adsorvente, tempo de contacto, foco inicial do metal, pH e assim por diante. Os resultados dão um sinal decente das diversas condições de trabalho que seriam necessárias para a expulsão eficaz de cada metal substancial do arranjo fluido. O pH é um fator enorme nas formas de adsorção, uma vez que provoca alterações electrostáticas no arranjo. A maior proficiência de expulsão para Cd(II) é de 96,24% a pH 6, 95% para Pb(II) a pH 4, 85% para Zn(II) a pH 7, 99,8% para Cr(III) a pH 6 e 76,7% para Cu(II) a pH5 foram obtidos para Alismaplantagoaquatica. A evacuação de metais foi de 83,47% de Cd(II) a pH 6, 94,93% de Pb(II) a pH 4, 86,69% de Zn(II) a pH 7, 79,32% de Cr(III) a pH 6 e 82,82% de Cu(II) a pH5 para a casca de manga.

• As isotérmicas de Langmuir, Freundlich e Dubinin-Radushkevich (D-R) ajustaram-se às informações do balanço e os parâmetros do modelo foram calculados a diferentes temperaturas, utilizando condições linearizadas.

• A isotérmica de Langmuir demonstra (R2≈1) estar em grande concordância com a informação experimental quando comparada com os modelos de Freundlich e D-R.

• A informação cinética foi melhor apresentada por uma condição de energia de pseudo segunda solicitação.

• A reflexão sobre a dessorção foi igualmente concluída e demonstrou que o corrosivo clorídrico (HCl) 0,1N é o melhor extrato.

• As constantes termodinâmicas, ΔG, ΔH e ΔS do procedimento de adsorção demonstraram que a adsorção de Cd(II), Pb(II),Zn(II) Cr(III) e Cu(II) era endotérmica e sem restrições.

• As curvas de salto em frente para a adsorção de partículas de zinco por Alismaplantagoaquatica foram traçadas a diferentes velocidades de fluxo. Os resultados demonstraram que a adsorção de zinco está sujeita à velocidade do fluxo e que o rendimento de evacuação do zinco diminui com o aumento da velocidade do fluxo.

• Os modelos de Adams - Bohart e Wolborska foram ligados a informações de teste obtidas a partir de investigações dinâmicas realizadas no segmento estabelecido para antecipar as curvas de avanço e para decidir os parâmetros activos da secção. A zona de realização foi caracterizada pelos modelos de Adams - Bohart e Wolborska para todas as velocidades de corrente. As constantes de cada modelo foram ditadas por métodos de recaída direta e não direta e foram propostas para utilização no esboço da secção.

Capítulo 11. Adiamento para investigação futura

A inovação, que utiliza material de desperdício de plantas acessível localmente, como a casca de manga e a Alismaplantagoaquatica, é incrivelmente fácil, atraente e prática. Seguem-se os graus de investigação futura:

* Para investigar os resultados possíveis, alterações/pretratamento de

* adsorvente para aumentar o seu limite de adsorção.

Concentrados com águas residuais mecânicas reais para avaliar parâmetros para aplicações no terreno.

Referências:

1. Adams, B.A., Holmes, E.L. (1935) Adsorptive properties of synthetic resins. I. J. Soc. Chem. Ind. 54:1-6TAzab, M. S., El-Shora, H M., Mohammed, H. A. (1995)

2. Biossorção de cianeto de águas residuais industriais. Al-Azhar Bull. Sci., **6(1)**: 311-323

3. Butter, T. J., Evison, L. M., Hancock, I. C., Holland, F. S. (1995)

4. Remoção e recuperação de Cd de correntes aquosas diluídas por biossorção, eluição e eletrólise. Fórum para a Biotecnologia Aplicada, Parte **2**: 2581-4

5. Cleseri, S. L., Greenberg, A.E. Eaton, A.D. (1998) Standard methods for the examination of water and wastewater, 20th edition

6. Donmez, G.C., Aksu, Z., Ozturk, A., Kutsal. (1999) Um estudo comparativo sobre

7. Características de biosorção de metais pesados de algumas algas. Process Biochem, 34:885-892

8. Gadd, G.M. e C. White (1993) Microbial treatment of metal pollution- a working biotechnology? Tendências da Biotecnologia **11**: 353-359

9. Gill, R.K., Jindal, V., Gill, S.S., Marwaha, S.S. (1996) Studies on the biosorption of nickel from industrial effluent. Pollut. Res., **15(3)**: 303-306

10. Norma indiana IS 10158 (1982) Methods of analysis of solid waste (excluding industrial waste) pp4-5.

11. Kapoor, A., Viraraghavan, T. (1995) Fungal Biosorption-an alternative treatment option for heavy metal bearing wastewater: a review. Bioresour. Technol. **53**: 195-206

12. Kapoor, A., Viraraghavan, T. (1997) Sítios de biossorção de metais pesados em Aspergillusniger. Bioresource Technology, **61**: 221-227

13. Kratochvil, D., Volesky, B. (1998) Advances in the biosorption of heavy metals. **Tibtech16**: 291-299

14. Luef. E., Prey. T., Kubicek. C.P. (1991) Biosorção de zinco por resíduos miceliais de fungos. Appl. Microbiol. Biotechnol., **34:** 688-692

15. Modak, J. M., Natarajan, K. A., Saha, B. (1996) Biosorption of copper and zinc using waste Aspergillusnigerbiomass. Miner. Metall. Process., **13(2)** : 52-57

16. Modak, J. M., Natarajan, K. A., Saha, B. (1996) Biosorption of copper and zinc using waste Aspergillusnigerbiomass. Miner. Metall. Process., **13(2)** : 52-57 24

17. . Muraleedharan, T.R., Venkobachar, C. (1990) Mechanism of Biosorption of copper (II) by Ganodermalucidium. Biotechnol & Bioengg., 35 : 320-325.

18. Nakajima. A., Sakaguchi. T. (1986) Acumulação selectiva de metais pesados por microrganismos. Appl. Microbiol. Biotechnol., **24:** 59-64

19. Niu H., Xu, X.s., Wang, J.H. (1993) Remoção de chumbo de soluções aquosas por biomassa de penicilina. Biotechnol. and Bioengg., 42 : 785-787

20. Nourbakhsh, M., Sag, Y., Ozer, D., Aksu, Z., Katsal, T. e Calgar, A. (1994)

21. Um estudo comparativo de vários biossorventes para a remoção de iões de crómio (VI) de águas residuais industriais. Process Biochem, **29** :1-5.

22. . Omar, N. B., Merroun, M. L., Gonzalez-Munoz, M. T., Arias, J. M. (1996)

23. Levedura de cerveja como biossorvente de urânio. J. Appl. Bacteriol., **81(3)** : 283- 287

24. Abdelwahab.O (2007) 'Kinetics and isotherm studies of copper (II) removal from wastewater using various adsorbents', Egyptian Journal of Aquatic Research,Vol.33, pp.125-143.

25. Aderhold.D,Williams.C.J e Edyvean.R.G.J (1966) 'Removal of heavy metal ions by seaweeds and their derivatives' Bioresource Technology, Vol. 58, pp. 1-6.

26. Abuzer.C e Huseyin.B (2011) 'Bio-sorption of cadmium and nickel ionsusingSpirulinaplatensis: kinetic and equilibrium studies' Desalination, Vol.275, pp. 141-147.

27. AjayKumar.M,Kadirvelu.K,Mishra.G.K,Chitra.R e Nagar.P.N (2008)

28.   Adsorptive removal of heavy metals from aqueous solution by treated sawdust" Journal of Hazardous Materials, Vol. 50, pp.604-611.

29.   Ajmal.M,Rao.R.A.K,Ahmad.R e Ahmad.J (2000) 'Adsorption studies on citrus reticulate (fruit peel of orange): removal and recovery of Ni(II) from electroplating wastewater' Journal of Hazardous Materials, Vol. B 79, pp.117-131.

30.   Aksu.Z and Ferda.G (2003) 'Biosorption of phenol by immobilized activated sludge in a continuous packed bed : prediction of breakthrough curves' Process Biochemistry, Vol. 39, pp. 599-613.

31.   Amany.E.S,Ahmed.E.N,Azza.K e Ola.A (2007) 'Removal of toxic chromium from wastewater using green alga *Ulvalactucaand* its activated carbon' Journal of Hazardous Materials, Vol. 148, pp.216-228.

32.   Amarasinghe.B.M.W.P.K.andWilliams.R.A (2007) 'Tea waste as a low cost adsorbent for the removal of Cu and Pb from wastewater' Chemical Engineering Journal, Vol.132, pp.299-309.

33.   Amir.H, Mahvi, Dariush.N, Forugh.V e Shahrokh.N (2005) 'Teawaste as An mAdsorbent for Heavy Metal Removal from Industrial wastewaters' AmericanJournal of Applied Sciences, Vol. 2, pp.372-375.

34.   Amuda.O.S e Ibrahim.A.O (2006) 'Industrial wastewater treatment using natural material as adsorbent' African Journal of Biotechnology, Vol. 5 (16), pp. 1483-1487.

35.   Anayurt.R.A,Sari.A and Tuzen.M (2009) 'Equilibrium, thermodynamic andkinetic studies on biosorption of Pb(II) and Cd(II) from aqueous solution by macrofungus *(Lactariusscrobiculatus)* biomass' Chemical Engineering Journal, Vol.151, pp.255-261.

36.   Anirudhan.T.S e Radhakrishnan.P.G (2009) 'Kinetic and equilibrium modeling of cadmium (II) ions sorption onto polymerized tamarind fruit shell' Desalination, Vol.248, pp.1298-1307.

37.   Arief.V.O,Trilestari.K,Sunarso.J,Indraswati.N and Ismadji.S (2008) 'Recent progress on

biosorption of heavy metals from liquids using low cost biosorbents: characterization, biosorption parameters and mechanism studies: a review' Clean: soil,air,water, Vol.36 (12), pp.937-962.

38.   Ashraf.M.A,Wajid.A,Mahmood.K,Jamil.M.M e Yusoff.I (2011) 'Removal of heavy metals from aqueous solution by using mango biomass' African Journal of Biotechnology, Vol.10 (11), pp. 2163-2177.

39.   Asma.S,Muhammed.I, and Akhtar.M.W (2005) 'Removal and recovery of lead(II) from single and multimetal (Cd,Cu,Ni,Zn) solutions by crop milling waste (black gram husk)',. Journal of Hazardous Materials, Vol. B117, pp. 65-73.

40.   Atalay.E,Gode.F and Sharma.Y.C (2010) 'Removal of selected toxic metals by a modified adsorbent', Practice periodical of hazardous toxic and radioactive waste management, Vol.14, pp.132-138.

41.   Ayhan.D (2008) 'Heavy metal adsorption onto agro-based waste materials: A review' Journal of Hazardous Materials, Vol.157, pp. 220-229.

42.   Azouaou.N,Sadaoui.Z,Djaafri.A and Mokaddem.H (2010) 'Adsorption of cadmium from aqueous solution onto untreated coffee grounds: Equilibrium, kinetics and thermodynamics" Journal of Hazardous Materials, Vol.184, pp.126-134.

43.   Babel.S e Kurniawan.T.A (2003) 'Low- costadsorbents for heavy metals uptake from contaminated water: a review' Journal of Hazardous Materials, Vol. 97, pp.219-243.

44.   Babu.B.V and Gupta.S (2008) ' Adsorption of Cr(VI) using activated neem leaves: kinetic studies.' Adsorption, Vol.14, pp. 85-92.

45.   Barakat.M.A (2011) 'New trends in removing heavy metals from industrial wastewater' Arabian Journal Chemistry, Vol. 4, pp. 361-377.

46.   Bayat.B (2002) "Estudo comparativo das propriedades de adsorção das cinzas volantes turcas: II. The case of chromium (VI) and cadmium (II)" Journal of Hazardous Materials, Vol. 95, pp. 276-

290.

47.   Benhima.H,Chiban.M, Sinan.F, Seta.P e Persin.M (2008) 'Removal of lead and Cadmium ions from aqueous solution by adsorption onto micro-particles of dry plants' Journal of Colloids and Surfaces, Vol.61, pp.10-16.

48.   Benguella.B e Benaissa.H (2002) 'Effects of competing cations on cadmium biosorption by chitin' Colloids Surf. A:Physicochem.Eng. Aspects,Vol. 201 pp. 143-150.

49.   Bhatnagar.A and Sillanp.M (2010) 'Utilization of agroindustrial and municipal waste materials as potential adsorbents for water treatment- a review.' Chemical Engineering Journal, Vol.157, pp.277-296.

50.   Bin.Y,Zhang.Y,Alka.S,Shyam.S.S e Kenneth.L.D (2000) 'The removal of heavy metal from aqueous solutions by sawdust adsorption-removal of copper' Journal of Hazardous Materials, Vol. 80, pp.33-42.

51.   Bohart.G e Adams.E.Q (1920) 'Some aspects of the behavior of charcoal with respect to chlorine' Journal of the American Chemical Society. Vol. 42(3), pp. 523-544.

52.   Bozic.D,Stankovic.V,Gorgievski.M,Bogdanovic.G and Kovacevic.R (2009) 'Adsorption of heavy metal ions by sawdust of deciduous trees' Journal of Hazardous Materials, Vol. 171, pp. 684-692.

53.   Brierley.J.A e Goyak.G.M (1986) "A new wastewater treatment and metal recovery technology" Fundamental and Applied Biohydromettallurgy, pp. 291-303.

54.   Gupta.V.K,Jain.C.K,Ali.I,Sharma.M e Saini.V.K (2003) 'Removal of cadmium and nickel from wastewater using bagasse fly ash- a sugar industry waste' Water Res., Vol.37(16), pp. 4038-4044.

55.   Gupta.V.K e Rastogi.A (2007) 'Biosorption of lead from aqueous solutions by green algae *Spirogyra species:* Kinetic and equilibrium studies" Journal of Hazardous Materials, Vol.152, pp. 407-414.

56. Gupta.V.K,Rastogi.A and Nayak.A (2010) 'Biosorption of nickel onto treated algae *(Oedogoniumhatei):* application of isotherm and kinetic models' Journal of Colloid Interface Sci., Vol.342, pp. 533-539.

57. Han.R,Li.H.Y,Zhang.J,Xiao.H e Shi.J (2006) 'Biosorption of copper and lead ions by waste beer yeast' Journal of Hazardous Materials, Vol.137, pp. 1569-1576.

58. Hao.C,Guoliang.D,Jie.Z,Aiguo.Z,Junyong.W e Hua.Y (2010) 'Removal of copper (II) ions by a biosorbent- *Cinnamomumcamphora'* Journal of Hazardous Materials, Vol.177, pp. 228-236.

59. Ho.Y.S,D.A.J,Wase.D.A.J and Forster.C.F (1996) 'Kinetic studies of competitive heavy metal adsorption by *sphagnum moss peat'* Environ. Technol., Vol.17, pp.71-77.

60. Ho.Y.S, Huang.C.T, Huang.H.W (2002) 'Equilibrium sorption isotherm for metal ions on tree fern' Journal of Process Biochemistry, Vol.37, pp. 1421-1430.

61. Holan.Z.R e Volesky.B (1994) 'Biosorption of lead and nickel by biomass of marine agle' Biotechnology and Bioengineering, Vol. 43, pp.1001-1009.

62. Horsfall.M.J,Abia.A.A and Spiff.A.I (2006) 'Kinetic studies on the adsorption of Cd2+,Cu2+ and Zn2+ ions from aqueous solutions by cassava (Manihotsculentacranz)tuber bark waste' Journal of Bioresource Technology, Vol. 97, pp. 283-291.

63. Huang.X,Gao.N e Zhang.Q (2007) 'Termodinâmica e cinética da adsorção de cádmio em carvão ativado granular oxidado' Journal of Environ. Sci., Vol.19, pp.1287-1292.

64. Ijagbemi.C.O,Baek.M.H and Kim.D.S (2009) 'Montmorillonite surface properties and sorption characteristics for heavy metal removal from aqueous solutions' Journal of Hazardous Materials, Vol. 166, pp. 538-546.

65. Iqbal, M,Saeed.A, e Zafar.S.I (2008). Espectrofotometria FTIR, cinética e modelação de isotermas de adsorção, permuta iónica e análise EDX para compreender o mecanismo de remoção de Cd2+ e Pb2+ por resíduos de casca de manga. *Journal of Hazardous Material,* 164, 161171.

66. Jiaping.P.C (2012) 'Decontamination of Heavy Metals: Processes, Mechanisms, and Applications' CRC Press , Print ISBN: 978-1-4398- 1667-7

67. Jarup.L (2003) "Hazards of heavy metal contamination" British medical bulletin, Vol. 68, pp. 167-182.

68. Johnson.P.D,Watson.M.A,Brown.J e Jefcoat.I.A (2002) 'Peanut hull pellets as a single use sorbent for the capture of Cu(II) from wastewater' Journal of Waste Management, Vol.22, pp. 471-480.

69. Kadirvelu.K, Thamaraiselvi.K e Namasivayam.C (2001) ' Removal of heavy metals from industrial wastewaters by adsorption onto activated carbon prepared from an agricultural solid waste' Journal of Bioresource Technology, Vol.76, pp.63-65.

70. King.P,Srinivas.P,PrasannaKumar.Y e Prasad.V.S.R.K (2006) 'Sorption ofcopper(II) ions from aqueous solution by *Tectonagrandis(Teak* leaves powder)' Journal of Hazardous Materials, Vol. 136, pp. 560-566.

71. Kishore.K.K,Xiaoguang.M,Christodoulatos.C and Veera.M.B (2008)'Biosorption mechanism of nine different heavy metals onto biomatrix from rice husk' Journal of Hazardous Materials, Vol. 53, pp.1222-1234.

72. Kumar.P.S, Ramalingam.S, Kirupha.S.D, Murugesan.A, Vidhyadevi.T e Sivanesan.S(2011) 'Adsorption behavior of nickel(II)onto cashew nut shell: Equilibrium ,thermodynamics, kinetics, mechanism and process design'Chemical Engineering Journal, Vol.167, pp. 122-131.

73. Kumar.Y.P,King.P and Prasad.V.S.R.K (2006)'Equilibrium and kinetic studies for the biosorption system of copper(II) ion from aqueous solution using *TectonagrandisL.fleaves* powder' Journal of Hazardous Materials, Vol. 137, pp.12111217.

74. Kumar.U e Bandyopadhyay.M (2006) 'Sorption of cadmium from aqueous solution using pretreated rice husk' Bioresourse Technology, Vol. 97, pp. 104-109.

75. Kuyucak.N e Volesky.B (1989) 'The mechanism of cobalt biosorption' Biotechnology Bioengineering, Vol. 33, pp. 823-831.

76. Lakshmipathy.R and Sarada.N.C (2013) 'Application of watermelon rind as sorbent for removal of nickel and cobalt from aqueous solution' International Journal of Mineral Processing.

77. Larous.S ,Meniai.A.H and Lehocine.M.B (2005) 'Experimental study of the removal of copper from aqueous solution by adsorption using sawdust Desalination, Vol.185, pp.483-490.

78. Lars.J (2003) "Hazards of heavy metal contamination" British medical Bulletin Vol. 68, pp 167-182.

79. Lee.C.K e Low.K.S (1989) 'Removal of copper from solution using moss' Journal of Environmental Technology, Vol.10, pp.395-404.

80. Lin.S.H e Juang.R.S (2009) "Adsorção de fenol e seus derivados da água utilizando resinas sintéticas e adsorventes naturais de baixo custo: A review". Journal of Environ. Manage, Vol.90, pp.1336-1349.

81. Maria.M, Nuria.M,Soraya.H e Nuria.F (2006) 'Removal of lead (II) and cadmium (II) from aqueous solutions using grape stalk waste' Journal of Hazardous Materials, Vol. 133, pp.203-211.

82. Matheickal.J.T e Yu.Q (1999) 'Biosorption of lead(II) and copper(II) from aqueous solutions by pretreated biomass of Australian marine algae' Bioresourse Technology, Vol. 69, pp. 223-229.

83. Mausumi.M,Noronha.S.B e Suraishkumar.G.K (2007) 'Kinetic modeling for the biosorption of copper by pretreated *Aspergillusnigerbiomass'* Bioresource technology, Vol. 98, pp.1781-1787.

84. Mckay.G,Ho.Y.S,Wase.D.A.J e Forster.C.F (2000) 'Study of the sorptionof divalent metal ions on to peat, Adsorption Science and Technology, Vol. 18(7), pp.637-650.

85. Mehmet.E.A,Sukru.D,Celalettin.O e Mustafa.K (2007) 'Heavy metal adsorption by modified oak sawdust: Thermodynamics and kinetics' Journal of Hazardous Materials, Vol.4, pp.77-85.

86. Meriem.B and Fatima.A (2012) 'Adsorption of congo red onto activated carbons having different

surface properties: studies of kinetics and adsorption equilibrium' Journal of Desalination and Water Treatment, Vol. 37, pp. 122-129.

87. Miretzky.P,Munz.C and Carrillo-Chavez.A (2010) 'Cd(II) removal from aqueous solution by *Eleocharisacicularis biomass* equilibrium and kinetic studies' Bioresource Technology, Vol. 101, pp. 2637-2642. Mishra.P.C e Patel.R.K (2009) 'Removal of lead and zinc ions from water by low cost adsorbents' Journal of Hazardous Materials, Vol. 168, pp.319-325.

88. Mohammad.M.M.R,Parisa.R,Atefeh.A e Ali.R.K (2011) 'Estudos cinéticos e de equilíbrio sobre a biossorção de iões de cádmio, chumbo e níquel de soluções aquosas por algas castanhas intactas e quimicamente modificadas' Journal of Hazardous Materials, Vol. 185, pp. 401-407.

89. Mohammed.A,Abdullah and Devi.P.A.G (2009) 'Kinetic and Equilibrium studies for the Biosorption of Cr(VI) from Aqueous Solutions by Potato Peel Waste' Journal of Chemical Engineering research, Vol.1 pp. 51-62

90. Mohan.D e Singh.K.P (2002) 'Single- and multi-component adsorption of cadmium and zinc using activated carbon derived from bagasse: an agricultural waste' Water Res., Vol.36, pp. 2304-2318.

91. Mohmet.E,Argun,Suku.D,Celalettin.O and Mustafa.K (2007) 'Heavy metal adsorption by modified oak sawdust: Thermodynamics and kinetics" Journal of Hazardous Materials, Vol.141, pp 77-85.

92. Mohsen.A and Hashem (2007) 'Adsorption of lead ions from aqueous solution by okra waste' Journal of Physical Sciences Vol. 2 (7), pp. 178-184.

More
Books!

yes
I want morebooks!

info@omniscriptum.com
www.omniscriptum.com
OMNIScriptum